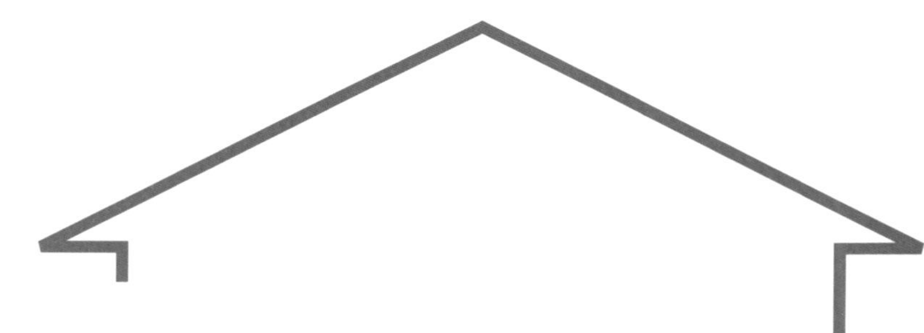

WUFEI CHENGSHI
GUOJI JINGYAN YANJIU

无废城市国际经验研究

李永红　丁士能　梁莎莎　陈天阳 / 编著

ZERO-WASTE CITIES

中国环境出版集团 · 北京

图书在版编目（CIP）数据

无废城市国际经验研究 / 李永红等编著 .— 北京：中国环境出版集团，2021.10

ISBN 978-7-5111-4602-1

Ⅰ. ①无⋯ Ⅱ. ①李⋯ Ⅲ. ①城市—固体废物—废物处理—研究—世界 Ⅳ. ① X799.305

中国版本图书馆 CIP 数据核字（2020）第 265322 号

出 版 人 武德凯
责任编辑 赵惠芬
封面设计 岳 帅

出版发行 中国环境出版集团
（100062 北京市东城区广渠门内大街 16 号）
网　　址：http: //www.cesp.com.cn.
电子邮箱：bjgl@cesp.com.cn.
联系电话：010-67112765（编辑管理部）
010-67175507（第六分社）
发行热线：010-67125803，010-67113405（传真）

印　　刷 玖龙（天津）印刷有限公司
经　　销 各地新华书店
版　　次 2021 年 10 月第 1 版
印　　次 2021 年 10 月第 1 次印刷
开　　本 787 × 960 1/16
印　　张 9.25
字　　数 146 千字
定　　价 68.00 元

摘要 Abstract

2018年12月，国务院办公厅发布了《“无废城市”建设试点工作方案》，目标为到2020年，形成一批可复制、可推广的“无废城市”建设示范模式。本书主要探讨“无废城市”建设的背景与重要性，并依据国际废弃物管理建设的经验，深入分析其中的法律框架、机制安排、政策顶层设计以及实践案例借此与我国当前废弃物管理的发展与架构进行对比，最后提出推动大规模“无废城市”建设所需要的政策与行动建议。

随着经济快速发展、社会高度城镇化，东亚城市将成为未来全球废弃物产生的主要地区，因此如何有效地减少废弃物产生，促进商品与材料重复利用、再生利用，已刻不容缓。我国在此时提出建设“无废城市”，正是实践系统性思维、重新梳理废弃物管理系统的好时机。

通过分析欧盟国家（如荷兰、德国、芬兰等）以及日本等的国际经验，我们发现，各国的理念早已从“末端治理、污染防治”的观点转型为“循环利用、将废弃物视为资源”。新理念的核心精神体现在废弃物管理的法律框架中，也反映在政策的顶层设计中。值得注意的是，各国的“无废城市”建设工作多是由环境主管部门牵头，全权负责废弃物管理议题，并且在垂直治理与水平治理方面都有着系统性的协调分工，以确保废弃物管理的全面性及科学性。

综合分析国际与国内的废弃物管理框架，建议我国应思考整合《中华人民共和国固体废物污染环境防治法》与《中华人民共和国循环经济促进法》，并且参考欧盟国家与日本的管理模式，以环境部门统筹管理废弃物与再生资源为主，同时根据不同主题设立跨部门小组，以寻求其他部门的专业协助。此外，有些国家已经将废弃物与资源视为平级，并且正朝着用废弃物取代初级原料的方向前进，本书建议我国也应将其作为参考，因为这将有助于我国推行无废社会建设，发展循环经济。

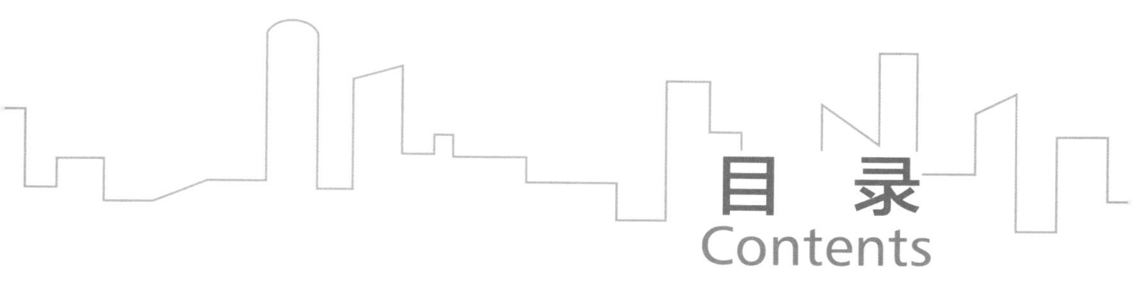

目 录
Contents

第一章　无废城市建设的背景意义

20世纪90年代后期，大量消费不仅是政治上操纵意识形态的工具，更是促进经济增长的主要手段。为了大量生产并消费一次性商品，达到维持市场经济扩张规模的目的，自然资源被严重掠夺。

“无废”（zero waste）一词最早是在1973年由学者提出的，然而直到20世纪90年代后期才被世人重视。1997年，新西兰发起了世界上第一个无废运动，该运动主张实践闭环经济，制造商品时应让商品可重复使用、可维修、可回收，终极目标是建设一个没有废弃物的经济体。2004年，世界无废联盟（Zero Waste International Alliance）首次给出“无废”的定义，其真正内涵是：系统性地设计与管理商品以及制作流程，以避免和减少废弃物的产生，并且回收利用废弃物流所有资源。“无废”概念将可持续废弃物管理系统的精神都包括在内，例如避免废弃物产生（avoid）、废弃物减量（reducing）、重复使用（reusing）、重新设计（redesigning）、再生（regenerating）、回收（recycling）、修复（repairing）、再制造（remanufacturing）、再销售（reselling）、重新分配（redistributing）。值得注意的是，“无废”不仅强调回收，更侧重于重新建构商品设计、生产、经销的过程，可从根源上避免废弃物的产生（Zaman et al.，2013）。

自此，“无废”概念快速地在生产管理、城市治理等领域开枝散叶。2006年，以新西兰绿色联盟（Green Alliance）为首的民间环保团体在各个国家与城市开始宣传这一概念。2007年，英国的环保团体提出“无废英国”的主张，英国政府组织无废区域（Zero Waste Places）倡议运动（Phillips et al.，2011）。同年，日本政府也提出建设“无废城市”的愿景，致力于减少家庭或是工业部门的废弃物产生量，推广使用可回收、可分解材料，提倡购买零废弃物的产品（Fujita et al.，2007）。在学术研究层面，也有学者提出了建设“无废城市”的主要抓手与指标（Zaman et al.，2013）（表1-1），例如以计算城市代谢循环性（circular city metabolism）为主要指标，近两年学术界与欧盟积极寻求循环城市与循环经济指标体系时，这一主要指标再度被提及并被重新检视。

表1-1　建设“无废城市”的主要抓手与指标

类别	内容
环境意识、教育、研究	无废社区行动项目
	转型教育
	无废研究
新基础设施与系统性思考	新的基础设施
	新科技
	无废治理
100% 回收与再生	减量
	维修、重复使用
	回收与再生

续表

类别	内容
可持续性消费与生活行为	合作、分享的消费模式
	行为改变
	可持续生活方式
工业转型与商品设计	从摇篮到摇篮的设计
	清洁生产
	生产者责任制
零枯竭法案与政策	零填埋法案
	零焚烧法案
	诱因机制

资料来源：Zaman et al.（2013）。

2018 年，国务院办公厅发布了《“无废城市”建设试点工作方案》，将“无废城市”定义为“以创新、协调、绿色、开放、共享的新发展理念为引领，通过推动形成绿色发展方式和生活方式，持续推进固体废物源头减量和资源化利用，最大限度减少填埋量，将固体废物环境影响降至最低的城市发展模式”。若将此定义与前述世界无废联盟所提出的“无废”定义进行比较，可以发现我国对“无废”的推动，侧重于“减量”“回收”和“再生”，相应地并不着力于“重复使用”“修复”“再制造”的精神。

对外，随着循环城市、循环经济、废弃物管理的议题再度成为国际环境问题焦点，我国在此时提出建设“无废城市”，主动承担起全球环境治理的责任，彰显出大国担当。对内，长期以来，我国的废弃物管理系统庞杂纷乱，在生态文明建设框架下，即使坚持把绿色发展、循环发展、低碳发展作为基本途径，但是在实际落实层面，依然存在法律制度不完善、管理不协调、监管不到位等问题，“无废城市”的建设正好是补强短板的机会（杜祥琬 等，2017）。

1.1 全球废弃物的来源与组成分析

1.1.1 东亚与太平洋地区即将成为废弃物成长率最高的区域

随着城镇化进程的快速推进与经济的快速发展，全世界的固体废物数量持续增加。据统计，2012 年，全球产生的固体废物约为 13 亿 t，截至 2016 年，该数字已增长至 20 亿 t；世界银行预测到 2025 年此数字将达到 22 亿 t。就区域而言（图 1-1），东亚与太平洋地区所产生的固体废物数量占全球总量的比例高达 23%（每年产生约 4.7 亿 t）；其次为欧洲与中亚地区，占比达 20%（每年产生约 3.9 亿 t）；南亚地区的占比达 16%（每年产生约 3.3 亿 t）。在东亚与太平洋地区，2016 年，平均每人每天产生的固体废物约为 0.56 kg，预计到 2050 年将增至 0.81 kg。

如图 1-2 所示，虽然 2016 年东亚与太平洋地区平均每人每天的固体废物产生量处于较低水平，但是其推估的 2030 年成长率高达 21%，远高于欧洲与中亚地区的 10% 成长率与北美地区的 7% 成长率。此数据显示，若要切实控制与管理全球固体废物的产生量，控制东亚与太平洋地区是首要目标。

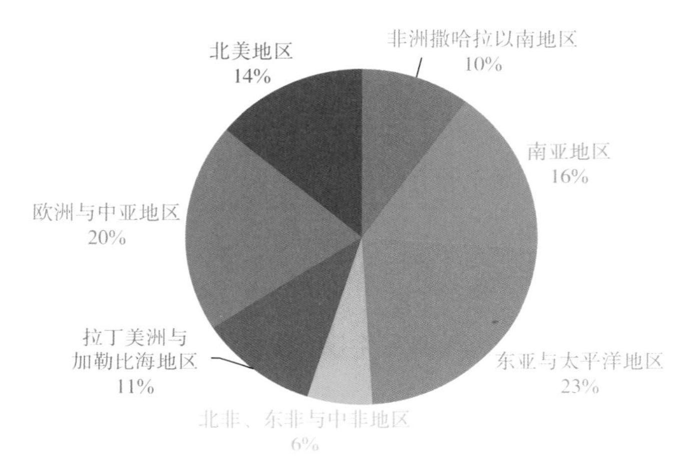

图 1-1　全球各区域固体废物产生量占比

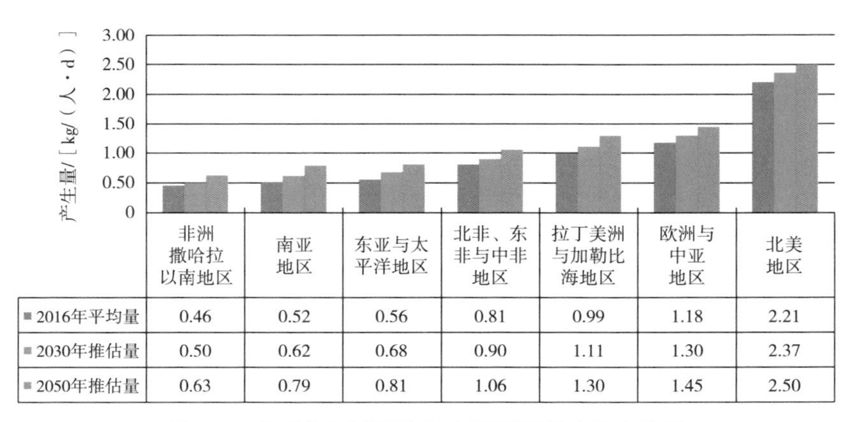

	非洲撒哈拉以南地区	南亚地区	东亚与太平洋地区	北非、东非与中非地区	拉丁美洲与加勒比海地区	欧洲与中亚地区	北美地区
2016年平均量	0.46	0.52	0.56	0.81	0.99	1.18	2.21
2030年推估量	0.50	0.62	0.68	0.90	1.11	1.30	2.37
2050年推估量	0.63	0.79	0.81	1.06	1.30	1.45	2.50

图 1-2　全球各区域平均每人每天固体废物产生量

资料来源：Kaza et al.（2018，p.28）。

1.1.2　中等收入的发展中国家成为全球废弃物的主要来源

在世界银行定义的中低等、中高等收入的发展中国家中，固体废物的产生与经济发展及人口数量增长呈高度正相关。根据统计，预计到2050年，中低等收入国家每年产生的固体废物总量将从2016年的5.8亿t增加至12亿t；中高等收入国家每年产生的固体废物总量将从2016年的6.5亿t增加至10亿t。而高收入的发达国家，目前已经进入物质消费与经济发展脱钩阶段，每年产生的固体废物总量正趋于平稳。

1.1.3 亚洲城市的废弃物产生量与城市收入水平成正比

将亚洲主要城市每人每天的生活废弃物产生量进行分析与排序可以发现，该数据与收入水平呈显著正相关。图1-3表明，收入相对较高的亚洲城市（如吉隆坡、曼谷、首尔等），平均每人每天的废弃物产生量都高于1.0 kg；中低收入水平的城市则约为0.8 kg。

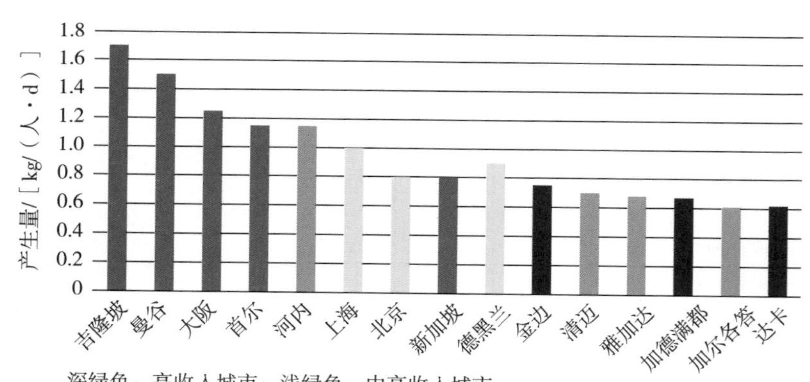

图1-3 亚洲部分城市平均每人每天废弃物产生量

资料来源：UNEP（2017）。

综上可以推出，控制发展中国家的高收入城市的废弃物产生量将是有效管理全球废弃物的侧重点。

1.1.4 城市生活垃圾以餐厨垃圾与有机废弃物、纸类、塑料为主

世界银行在统计当前全球的固体废物组成形态后发现，餐厨垃圾与有机废弃物占比最大（44%），其次是纸类（17%），随后是塑料（12%）。由图 1-4 可知，无论国家的收入水平高还是低，餐厨垃圾与有机废弃物都是城市生活废弃物的主要组成部分。收入水平越高的国家，纸类占比越高，同时，塑料占比受收入水平影响较低。

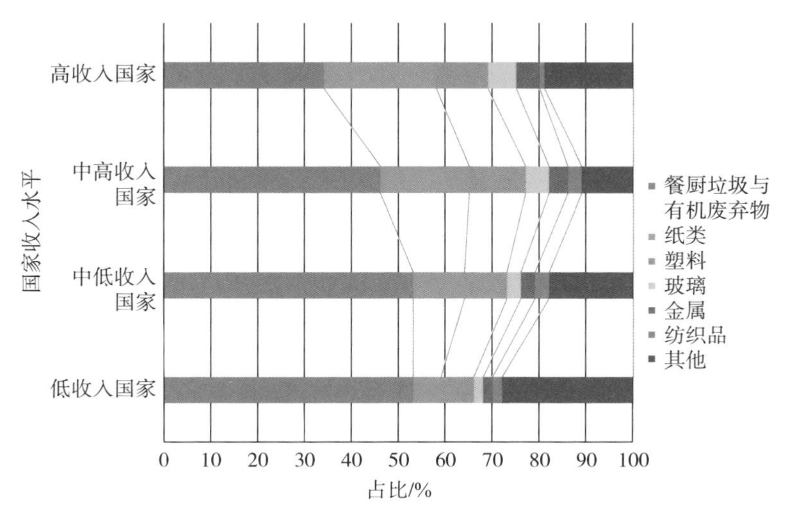

图 1-4 城市生活废弃物组成分析（依国家收入水平划分）

资料来源：UNEP（2015，p.57）。

1.1.5 解决餐厨废弃物问题迫在眉睫

比较全球各区域餐厨废弃物产生的来源（图 1-5）可以发现，在北美与太平洋地区、东亚和欧洲，餐厨废弃物的组成多为消费端的丢弃；在东亚地区，食物储存也是餐厨垃圾产生的主要环节。食物损失或丢弃，不仅造成营养的浪费，更关系到碳足迹、水足迹与生态足迹的变化。

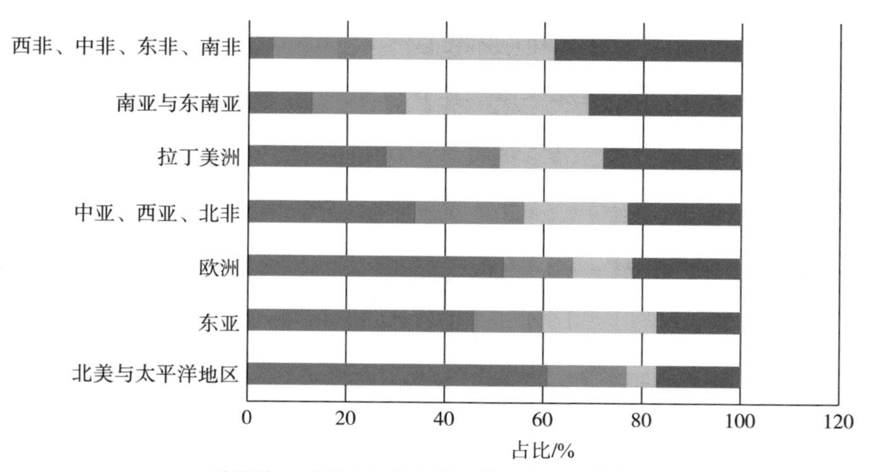

图 1-5 全球各区域餐厨废弃物产生源占比

根据联合国粮食及农业组织（FAO）统计（图 1-6），在东亚地区，平均每人每年所丢餐厨废弃物对应的二氧化碳排放量为 810 kg。由此显示，餐厨废弃物不仅会造成资源浪费，更与气候变化密切相关。应对气候变化，国家不仅需要在能源、交通等方面有所行动，也需要在废弃物的管理与减量上尽快采取行动。

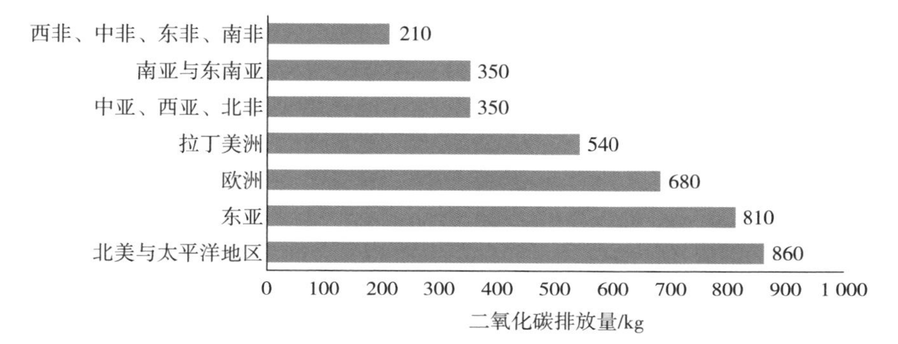

图 1-6　全球各区域每人每年所丢餐厨废弃物对应的二氧化碳排放量

资料来源：FAO（2011）。

1.1.6　失控的废塑料需要全球采取行动

近年来，国际社会逐渐意识到塑料管理的缺失。塑料与民众的生活和经济的发展联系日益密切，其产生量从 1950 年的 150 万 t 飙升至 2017 年的 3.48 亿 t（Statista，2017）。WEF（World Economic Forum）预测未来 20 年，塑料产量将会倍增（World Economic Forum，2016）。从 2015 年的数据资料来看（图 1-7），全球塑料废弃物的主要来源为塑料包装，其次是来自时尚纺织行业，它们都是城市民众生活的一部分。

废弃塑料管理不仅在自然环境与物种保护议题中扮演着重要角色，也与减缓全球气候变化行动有着紧密联系。2018 年，国家地理杂志与英国皇家统计学会的研究显示，全球只有 9% 的塑料真正得到了回收再制，另有 12% 进入焚烧厂，其余的 79% 则是留在填埋场或是停留在自然环境中（Geyer et al.，2017）。根据联合国环境规划署的资料显示，截至2050年，将有99%的海鸟的消化系统内存在废塑料，超过600类海洋物种将受到废塑料影响，其中有15%的物种将会因为摄入废塑料而濒临危险（UNEP，2018）。此外，2012年，全球约有8%的原油直接或间接地用于塑料生产，预计到2050年这个数字将增加至20%，这将阻碍当前各国针对应对气候变化以及减少化石燃料使用所采取的行动（Parker，2018）。

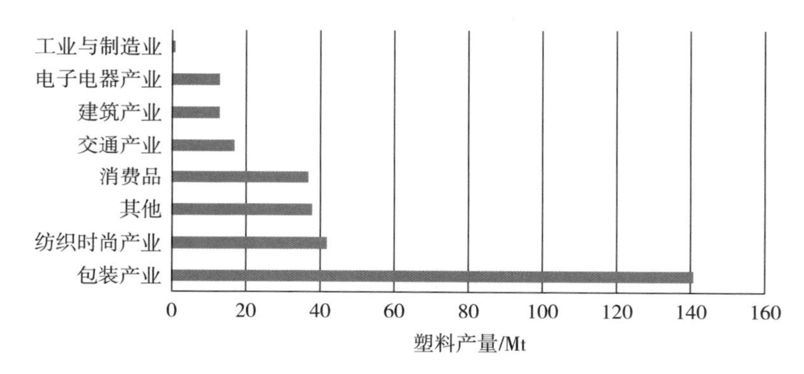

图 1-7　2015年全球废塑料主要来源（依行业划分）

资料来源：Geyer et al.（2017）。

1.2　中国建设“无废城市”的急迫性和重要性

1.2.1　建设“无废城市”是中国实践系统性、全过程管理思维的契机

“无废城市”是人们对城市发展的愿景与追求，要达成这个目标，需要抛弃仅注重废弃物末端治理的旧思维，以全局观点、优先

分级、全过程管理的思维重新检视废弃物管理系统。从源头减量开始，减少废弃物的产生量，改变与培养社会的价值观，推动形成资源节约型的生活方式，并且要提高产品的质量以及产品重复使用的可能性，增加产品的可维修性，延长产品的生命周期；要尽可能避免“产品”成为“废弃物”。对于实在无法维修和重复使用的物品或有机废弃物，须将可回收的物质与不可回收的物质分开，使可回收的部分不会因为无法预期的因素而进入最终处置阶段。

过去的废弃物管理体系，侧重于减少废弃物对自然环境的危害，特别是污染防治、减少填埋（减少废弃物对土壤、地下水以及原有生态系的影响），尽量避免废弃物因未妥善收集而进入自然环境中，强调对危险废物的控管。这些措施固然重要，但是单靠这些行动是无法建设“无废城市”的。“无废城市”的具体内涵是尽最大努力实现源头减量，资源化利用产品与物质。若不实现源头减量，只是将废弃物送往焚烧厂，则无法从根本上解决问题。结合当前民众对兴建焚烧厂的支持意愿相当低，有许多反对与抗议声音，加上焚烧并不能作为建设“无废城市”的“特效药”，因此实行源头减量才是真正建设“无废城市”的关键。对于已经被第一手消费者视为没有价值、不再需要的商品，则须尽可能对其进行资源化与重复化利用，以修复、再制造、升级再造等方式，避免这些商品进入最终处置阶段。从图 1-8 来看，循环经济就是尽可能让商品与物质留在内循环当中。图 1-9 中的废弃物管理分级示意则提示我们应优先思考减量与重复使用物质。

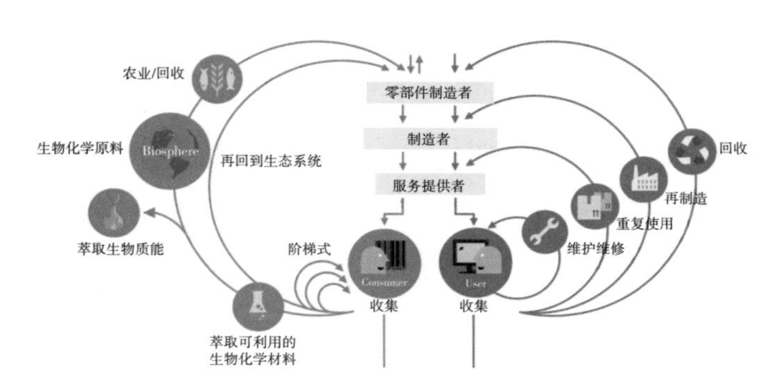

图 1-8　循环经济系统蝴蝶示意

资料来源：Ellen MacArthur Foundation（2016）。

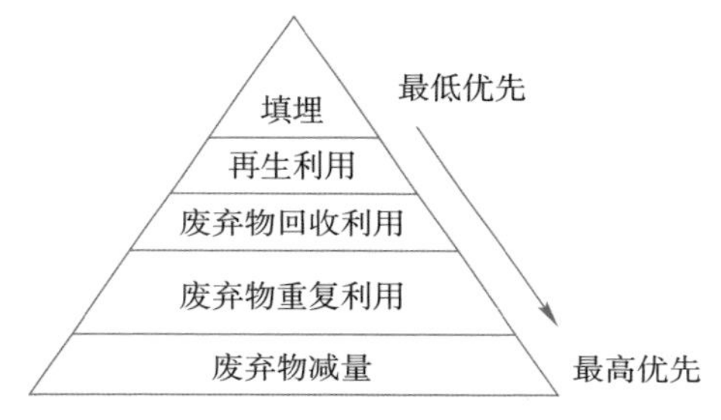

图 1-9　废弃物管理分级示意

资料来源：世界银行（2005）。

1.2.2　建设“无废城市”是中国重新梳理废弃物管理系统的好机会

中国的废弃物管理系统相当庞杂，法律规章与政策文件数量多，部门分工也分散零碎，废弃物编码管理与申报系统也尚未全面覆盖，这使得废弃物的流向与数据都难以被掌握。因此，建设“无废城市”行动正好是中国重新梳理废弃物管理系统的绝佳机会。

要想清楚掌握“无废城市”的建设进度，首先必须要掌握确切的数据资料。统计数据是良好政策的基石，唯有准确的数据，才能保证以科学方法制定有效且合理的政策。在这个前提下，掌握城市所有废弃物的来源、流向、处理方式，将目前尚未编码管理的废弃物纳入管理范畴，要求废弃物生产者切实申报，并且公开数据，接受民众与科研单位反复确认，利用公民的力量协助政府管理废弃物，间接培养民众对维护自身居住环境品质的责任感，达到事半功倍的效果。

"无废城市"的试点建设，正是重新整理各机构职能的最好时机。中国的废弃物管理部门分工交错复杂，部分城市各部门间的职能分工与权力分界模糊。因此，要成功建设"无废城市"，就必须坚定"大破大立"精神，重新确立垂直治理与水平治理之间的关系，打造上下一心的具有共同无废目标的系统性废弃物管理架构。

1.2.3 建设"无废城市"可缓解中国失控的垃圾危机

城镇化进程与民众的生活方式变化，使得中国的废弃物产生量持续增加。城市日常生活中的任一环节，都可能产生数以万计的固体废物，便利店的塑料手袋、咖啡店的外带杯、电商网购的包装袋、建筑工地的废弃塑料、餐馆的一次性餐具等。中国若是任由当前的线性经济发展模式（原料取得、生产制造、丢弃处理）继续扩张，即使短期内因中国资源丰富，取得原料方便而不构成问题，最终也将会面临处置场所（填埋场、焚烧厂）选址困难的窘境。

"无废城市"是城市发展的锚点与目标，建设"无废城市"应当从源头重新检视中国当前的线性发展模式、分析造成废弃物问题的因果回馈关系（图 1-10），厘清各个变因之间的关联性，才能对症下药，有效解决这个存在许久的棘手难题。

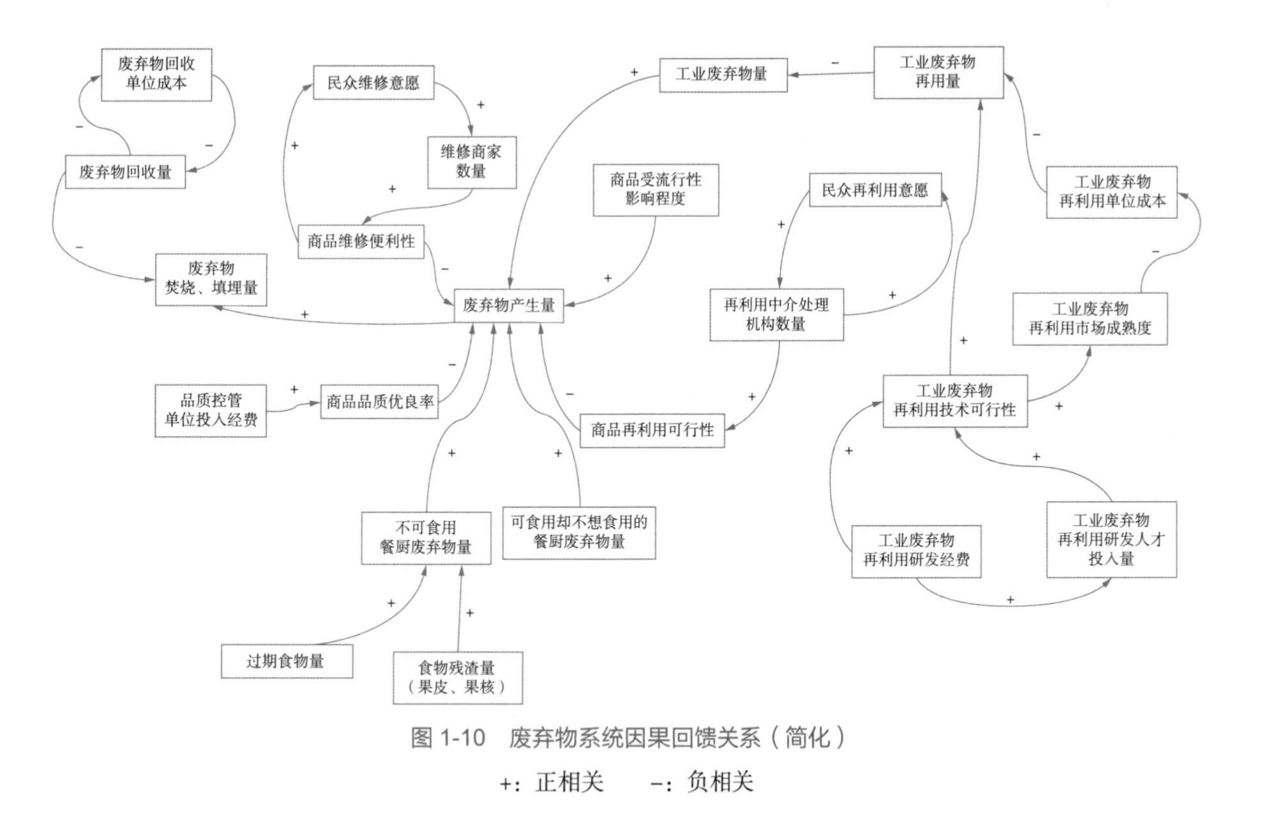

图 1-10　废弃物系统因果回馈关系（简化）

+：正相关　　–：负相关

与19世纪西方工业国家崛起时不同，中国当前的科技力量、社会制度、教育水平都更为先进，这些良好的基础可以让中国的发展走出有别于西方国家先经济发展、后改善环境的模式路径，按照环境经济都不偏废的绿色发展方式前行。建设“无废城市”，正是绿色发展理念的实践领域，能够将理念转换为行动。

1.2.4 建设“无废城市”是可持续发展、低碳行动不可或缺的重要板块

可持续发展是指在保护环境的条件下既满足当代人的需求，又不损害后代人需求的发展模式，而“无废城市”刚好契合可持续发展理念的目标与追求。建设“无废城市”，正是停止继续剥夺未来世代享有洁净自然环境资源（土地、水源、空气、自然生态）基本权利，正视世代间的环境正义，追求当代人与后代人代间平等的做法。

当前主流的线性发展模式崇尚大量制造、大量消费、快速时尚，商品与产品的生命周期相当短暂。成为废弃物之后，若是进入填埋场，这些商品的降解过程短则需要数十年、长则需要上百年，废塑料甚至必须经过400年以上才可能被分解，填埋场的土地更是无法进行其他用途。若是进入焚烧厂，由于垃圾成分的混杂，焚烧后所产生的底渣通常会含有重金属等有毒有害物质。将底渣作为道路回填材料，在大雨冲刷之后，重金属流出污染地下水与土壤，则会影响未来世代的资源使用权。只有现在开始立即建设“无废城市”，才能将可持续发展由理念转为实际行动，将环境平等权落到实处。

《巴黎协定》的签署，展现出了各国对于把全球平均气温升高水平控制在2℃以内的决心。当前，各国的自主贡献多侧重在能源转型方面，较少探讨大量消费、大量丢弃的发展模式下所产生的碳足迹，特别是原料开采与商品生命周期内所产生的二氧化碳排放。建设“无废城市”，可以实现产品与物质资源最大化利用，例如利用回收的废旧塑料制成用于包装的塑料，不仅可以减少废弃物的产生，也可以减少对初级原料的开采与使用，可减少二氧化碳的排放，进而对减缓气候变化做出贡献。

小结

自2004年起，先进国家已经提倡“无废”的理念。近年来，洋垃圾出口事件、海洋废塑料倾倒事件让城市废弃物管理议题再度成为国际城市环境治理的侧重点。作为世界上目前人口最多、发展最快的国家，中国应加紧“无废城市”建设，改善废弃物管理体系，展现中国在环境治理议题的领导力与实力。

第二章　废弃物管理体系国际经验

本章着重分析欧洲、亚洲国家的废弃物管理体系，旨在为我国未来健全固体废物管理体系提供参考与借鉴。本章分析对象以欧盟国家（如德国、荷兰、芬兰）及日本为主。其中，欧盟各成员国间的法律法规和管理体系存在密切关系，从地理规模及管理体系来看，与我国具有相似之处，值得参考及学习。

2006—2016 年，德国与荷兰每人每年废弃物产生量基本持平，面对欧盟更为严格的废弃物减量目标，这两个国家如何因应，是我们关注的重点。2006—2016 年，芬兰每人每年废弃物产生量呈显著上升趋势，芬兰随着欧盟的循环经济政策而调整本国的废弃物管理体系，如何通过新的政策使废弃物减量，是值得我们重点关注的部分。在亚洲国家中，日本的废弃物管理成效最好、体系最为完整清晰。由于亚洲各国在生活习惯、文化背景方面皆有相似之处，日本的经验或能给我们带来启示。

2.1　欧盟

2.1.1　法律框架

通过分析欧盟的废弃物管理法律框架可以发现，环境立法反映了国家立法机构预期的环境目标。在欧盟相关指令的引导之下，西欧国家与北欧国家对废弃物的管理明显着重在事前预防废弃物产生方面，欧盟环境保护相关法律法规强调尽可能增加重复使用、回收、再生利用的效率，以降低后端最终处置的数量。换句话说，除危险废物外，在欧盟的废弃物管理框架下，废弃物和再生资源之间的界限是相对较为模糊的，同一商品或物质可以是废弃物也可以是再生资源，二者之间没有刚性规范。

2.1.1.1 多数国家以一部国家级母法整合循环经济措施共同推动废弃物管理

欧盟《废弃物框架指令》（2008/98/EC）是各成员国废弃物管理的法律基础。欧盟国家在处理工业固体废物、生活固体废物、危险固体废物时，皆以该指令为最高指导原则。《废弃物框架指令》明确指出欧盟废弃物管理的主要目标，即固体废物处理金字塔五阶段的原则［预防废弃物产生、重复使用的准备[1]、回收[2]、其他形式的再生利用[3]（包含能源再生利用）、最终处置］，强调重复使用、回

---

[1] 重复使用的准备是指通过检查、清洁、维修等使产品或组件能够在不进行任何加工处理的情形下，再次被使用，避免成为废弃物。重复使用（reuse）：产品或组件再次被使用于原本设计时预先设想的相同用途。例如从建筑物拆除下来的窗框再次被使用于另一栋建筑当中，而不改变原本窗框的用途与目的。

[2] 回收（recycling）：将材料再加工成为产品、原料、物质，无论是与原先用途相同还是不同，避免材料成为废弃物。可包含对有机材料的加工，但不包含能源再生利用（energy recovery）与加工后作为燃料或回填材料使用。

[3] 再生利用（recovery）：通过替换原本用于某些特定功能的材料，使得该材料可以再次成为具有用途的材料；或是指材料被用作某一特定用途，无论是在工厂内还是更广泛的经济体当中，例如将产品再生利用作为燃料（又称能源再生利用）或是将产品再生利用作为金属材料等。

收、再生利用的重要性，降低材料必须进行最终处置的可能性。该指令以产品生命结束与否为基准来区分废弃物与副产品，并且根据不同的分类方法，给出各类废弃物的明确定义。该指令提出对成员国的基本要求，所有成员国都必须实施生产者责任延伸制度，为避免废弃物产生采取行动，并且定期提交行动计划给欧盟委员会；同时，成员国也必须对废弃物的重复使用、回收以及再生利用制定政策与执行措施，欧盟也对此提出量化目标。

根据欧盟法律制度，欧盟成员国必须在一定时间内将欧盟委员会所颁布的指令转化为国内法律。表 2-1 可以清楚地检视本节分析的欧盟国家（德国、荷兰、芬兰）因应《废弃物框架指令》（2008/98/EC）而出台的国内法律。

表 2-1　德国、荷兰、芬兰因应欧盟《废弃物框架指令》（2008/98/EC）的国内法律

国家	国内法律	附注
德国	《促进循环经济法》	首次因应《废弃物框架指令》修订时间为 2012 年，之后持续修订
荷兰	《环境管理法》	因应《废弃物框架指令》修订时间为 2011 年
芬兰	《废弃物管理法》	首次因应《废弃物框架指令》修订时间为 2011 年，之后持续修订

资料来源：欧盟法律资料库（https: //www.eur-lex.europa.eu）。

2.1.1.2 立法规定废弃物编码并定期申报

欧盟规定各成员国必须将废弃物进行编码管理，按废弃物的产生来源进行分类编码（表 2-2）。欧盟出版的《废弃物名册》是提供给各成员国与废弃物生产者、运送者、处理者的一份详细名单，名单上每种废弃物都会有 6 位数编码，共有 800 余项废弃物品项，成员国境内企业必须以此编码管理废弃物。若某特定废弃物类别经过欧盟统一的检测程序被认定为危险废物，该类废弃物在《废弃物名册》内的编码后方以星号标注。欧盟废弃物管理最高指导法令——《废弃物框架指令》（2008/98/EC）明文规定，各成员国必须定期将境内固体废物产生量、处理量等数据回报至欧盟，方便其掌握废弃物流向与数量。这一方式有助于欧盟统一管理区域内为数众多且发展程度不一的成员国处理固体废物的情况，同时确保成员国所报告的数据资料具有一致性与可比性。

表 2-2 欧盟废弃物编码（示意）

<table>
<tr><th>章</th><th>名称</th><th>节</th><th>废弃物名称</th><th colspan="2">废物代码</th></tr>
<tr><td rowspan="4">01</td><td rowspan="4">矿产勘查、采矿、物理化学处理产生的废弃物</td><td rowspan="2">01 01</td><td rowspan="2">采矿废弃物</td><td>01 01 01</td><td>金属矿物开采产生的废弃物</td></tr>
<tr><td>01 01 02</td><td>非金属矿物开采产生的废弃物</td></tr>
<tr><td rowspan="2">01 03</td><td rowspan="2">对金属矿物进行物理和化学处理后产生的废弃物</td><td>01 03 04*</td><td>来自硫化矿石加工的酸性尾矿</td></tr>
<tr><td>01 03 05*</td><td>其他含有有害物质的尾矿</td></tr>
</table>

续表

章	名称	节	废弃物名称	废物代码	
……					
02	来自农业、园艺、水产养殖、林业、狩猎和捕鱼、食物准备和加工废弃物	02 01	农业、园艺、水产养殖、林业、狩猎和捕鱼产生的废弃物	02 01 01	来自洗涤和清洁行为的污泥
				02 01 02	含有动物组织的废弃物
……					
20	家庭废弃物、商业工业和机构的生活废弃物（包括单独分开收集）	20 01	单独分开收集	20 01 01	纸张和纸板
……					

资料来源：欧盟《废弃物名册》。

2.1.1.3　少数国家将量化目标作为刚性要求入法

《废弃物框架指令》（2008/98/EC）明确将废弃物管理的量化目标列入法律，要求各成员国每 3 年向委员会报告执行该指令的成果。委员会也筹设特别小组，定期检视成员国的执行情况是否达到目标，若发现成员国可能无法在法定时间内达到目标，特别小组将事先发出警告，提前督促成员国采取行动。欧盟的目标是在 2020 年之前，家庭或其他类似来源的生活废弃物中，可再利用与回收率（如纸张、塑料、玻璃等）至少要增加至 50%（依重量计）。在 2020 年之前，非危险废物的建筑废弃物可再利用与回收率至少要增加至 70%（依重量计）。然而，2018 年欧盟委员会公布的考核报告显示，尚有 14 个[1]成员国正面临 2020 年无法达标的风险。

2.1.2 部门分工

本书从垂直治理与水平治理两个维度来分析各国废弃物管理的部门分工。垂直治理指的是中央政府与地方政府之间的垂直互动关系，上层政府与下层政府间的职权分际。好的垂直治理制度，能够使政府间的合作伙伴关系密切，使废弃物对环境的危害降到最低。水平治理指的是同级政府间的合作互动、政府与公民社会组织（civil society organisation）、政府与企业之间的协作关系。好的水平治理制度，能够让利益相关者们的财力、组织力、人力等有效融合，达成事半功倍的效果。

综合好的垂直治理与水平治理，可以形成有效的政策推动网络，让中央政府、地方各级政府、公民社会组织、企业间以特定议题为导向，共同参与决策并分担责任，制定工作方向和目标，在互利互惠的原则下，积极推动废弃物管理，最终形成良好的环境治理体系，达成可持续发展目标与“无废城市”愿景。

欧盟委员会以欧盟环境总司为废弃物的主管机关（图 2-1），在总司下设立循环经济与绿色成长部，负责管理可持续生产、产品与

[1] 分别是保加利亚、克罗地亚、塞浦路斯、爱沙尼亚、芬兰、希腊、匈牙利、拉脱维亚、马耳他、波兰、葡萄牙、罗马尼亚、斯洛文尼亚、西班牙。

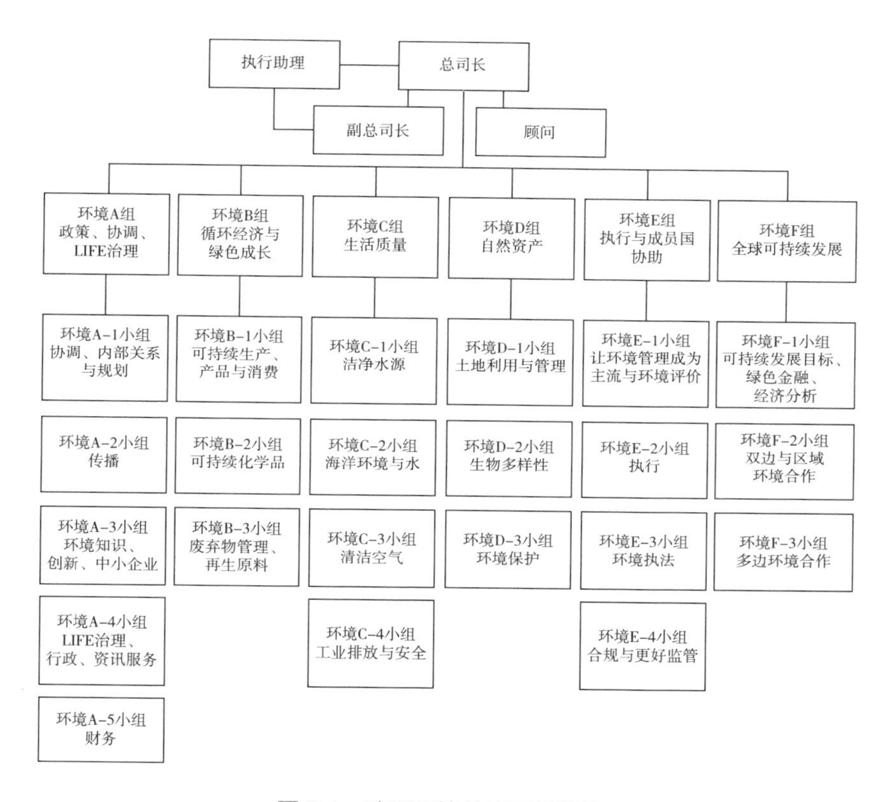

图 2-1　欧盟环境总司职能架构

资料来源：参考欧盟环境总司绘制。

消费，可持续化学品，废弃物管理、再生原料的工作。欧盟环境总司每 5 年出台一份战略方案，明确政策执行路线与考核指标。根据《2016—2020 年战略方案》，欧盟环境总司将“增加材料与自然资源的附加价值，通过有效利用资源来减少废弃物与环境危害，进而促进经济增长、竞争力和就业机会”的绿色经济视为工作重点。加速欧盟成员国转型实现循环经济模式，改变生产消费方式，是当前欧盟最重要的目标。提高资源的使用效率也被视为是实践可持续发展目标与构建低碳社会的方式。

2.1.3 政策顶层设计

法规框架确立基本准则，部门分工让政府与其他利益相关者各司其职，除此之外，还需要良好适当的顶层设计作为指引，才能使所有行动与利益相关者朝同一个目标努力。通过分析目标国家政策顶层设计的内涵与主要精神，可以发现废弃物管理的侧重点已不再是末端治理，而是强调重复使用、再生利用和循环经济。

欧盟在《第七次环境行动项目》中提出了2013—2050年的发展愿景与三大目标。该愿景主张，到2050年，我们将生活在地球的生态极限之内，世界的繁荣与健康的环境来自创新的循环经济。在这个循环经济的模式里，没有任何东西是被浪费与废弃的，自然资源获得可持续的管理，生物多样性得到重视、保护和恢复。我们的经济增长模式已与资源利用脱钩，可为全球社会安全与可持续发展奠定基础。欧盟也明确了三大目标：保护、保存与增强欧盟境内的自然资本；转型成为资源利用效率高、绿色、有竞争力的低碳经济；确保欧盟境内公民的健康与福祉，免遭来自环境相关的压力与风险威胁。

以《第七次环境行动项目》为核心，欧盟委员会、欧盟部长理事会、欧洲议会、地区委员会、欧洲经济与社会委员会等各机构合作开展了一系列的法规制度修正。欧盟委员会于2015年提出通讯文件《循环经济行动方案》，该行动方案包含一系列的固体废物相关法案修正，以及欧盟将如何从产品设计、产品生产过程、消费、固体废物管理、变废为宝 5 个阶段推动资源有效利用，减少废弃物的产生。同时也列出接下来工作的侧重点，包含废弃塑料、食物浪费、稀有原料、建筑废弃物和生物质废弃物几个方面。

2018 年，欧盟紧接着对包括《废弃物框架指令》（2008/98/EC）在内的许多固体废物相关法案进行修正调整。在《废弃物框架指令》（2008/98/EC）的修正案（编号 2018/851）中，针对生活固体废物、餐厨废弃物、再生利用、生产者责任延伸制度等特别给出明确定义。要求成员国增强对生产者责任延伸制度的实践力度，包含成员国至少必须执行最低限度的生产者责任延伸制度，成员国必须强化预防废弃物产生的执行力度，并条列出 13 项至少需要采取的行动。

在量化目标上，欧盟将指令内容修正为：到 2025 年之前，生活固体废物品项中的可再利用与回收率要最少增加至 55%（依重量计）；到 2030 年之前，最少增加至 60%（依重量计）；到 2035 年之前，最少增加至 65%（依重量计）。该修正案明确欧盟委员会在 2024 年之前，针对建筑废弃物、纺织废弃物、商业废弃物、非危险废物的工业废弃物、城市生物质废弃物的可再利用与回收率，提出量化目标。

小结

欧盟以《废弃物框架指令》（2008/98/EC）确保成员国的废弃物管理体系从法规、量化指标、申报系统到部门分工都呈现一致性，此方法有助于管理特性迥异、数量众多、发展程度差异大的欧洲区域。中国各省发展程度与基础设施建设程度参差不齐，或可参考欧盟管理方式，从中央到地方都设立环境部门管理废弃物，确保管理机制的一致性，也增加后续监管与数据资料核实的可行性。

2.2 德国

2.2.1 法律框架

2.2.1.1 德国采用地方分权的方式，州政府有权制定州级废弃物管理法

德国以《促进循环经济法》（KrWG）反映欧盟的循环经济和废弃物管理的政策方向，只要废弃物仍具有再利用价值，该法允许工业废弃物进行转让买卖，原本依法是由市政厅进行收运的城市固体废物也可交由私人企业进行收集利用。这些规定使得废纸、旧衣等商品能够通过商业模式促进再利用。修订后的《促进循环经济法》最大的变革（表 2-3）在于将固体废物“金字塔原则”由原先的三阶段修改成与欧盟一致的五阶段。

KrWG 所提供的是指导性原则，而德国的各州政府有权制定各州的废弃物管理法，并且可根据各州实际情况，制定符合当地民情

的规范。但是唯一条件是，各州的废弃物管理法必须和国家层面的法律保持一致。简单来说，德国国家级法律必须和欧盟指令保持一致，同时德国州政府法律也必须和德国国家级法律保持一致。

表 2-3　德国《促进循环经济法》分章内容

章名	节名	内容
第一章　一般规定	第一节　立法目的	立法促进循环经济、保护自然环境，确保废弃物在产生、运送、管理过程当中不会对人类与自然产生危害
	第二节　范围	避免废弃物产生、促进废弃物资源化再生利用
	第三节　定义	针对废弃物、再生资源等名词提出定义
	第四节　副产品	将废弃物与副产品明确划分开来
	第五节　废弃物终止条件	在满足一定条件下，物质或物品可不被视为废弃物
第二章　废弃物生产者和所有者的责任和义务	第一节　废弃物预防	提出固体废物“金字塔五原则”
	第二节　循环经济与再生利用	规范再生利用行动与要求
	第三节　废弃物处理	废弃物处理基本要求与安全规范
	第四节　公共与第三方委托收集、处理责任	收集通知程序、废弃物承运人责任、确保物质平衡
第三章　生产者责任	—	规范生产者提供标记、收回废弃物等责任
第四章　规划责任	第一节　废弃物处理	政府部门废弃物处理责任
	第二节　废弃物管理方案和废弃物预防方案	各州制定废弃物管理方案和废弃物预防方案的责任、规划内容必须包含的要项
	第三节　废弃物处理设施	厂址选择、环境影响评价、批准流程、现有处理厂管理、退役流程

续表

章名	节名	内容
第五章　政府部门倡导	—	政府部门有提倡及宣导的责任
第六章　监管	—	要求废弃物生产者、处理商、营运商提供信息、规范废弃物数量与运输方式申报责任
第七章　废弃物处理公司认证	—	认证、保险要求
第八章　废弃物管理人员规范	—	管理人员义务与责任
第九章　其他	—	—

资料来源：德国《促进循环经济法》。

2.2.1.2　德国将量化目标入法，且比欧盟要求更严格

德国在《促进循环经济法》中设定比欧盟指令更为严格的量化目标：到 2020 年前，德国的城市生活垃圾回收率须达 65%，并且所有城市在 2015 年前必须将纸、金属、塑料、玻璃项目进行分类收集处理。到 2020 年前，非危险废物的建筑废弃物须达到 70% 的回收率（依重量计）。

在本书分析的国家对象中，与德国一样有着如此决心的国家并不多。荷兰、芬兰的国家级法律虽然明确规定了很多管理细节，却没有对量化目标进行刚性规定，而是由主管机关在废弃物分项规划时设立目标。由于废弃物分项规划须依法定期调整检讨，将量化目标放在分项规划内而非以法律明文规定，可以增加灵活度，依据实

际需求与进度动态调整。日本同样将量化目标的设定权限交给主管机关，因此多是由都道府县、市町对生活固体废物设定量化目标。

2.2.2 部门分工

2.2.2.1 德国联邦政府与州政府共同分工管理多数废弃物

德国联邦环境、自然保护与核安全部（BMUB）为国家级主管机关（图 2-2），下设水管理、资源保护与气候适应司，负责设立和资源保护与循环经济事务相关的标准及政策框架，该司设有 7 个科室，分别是循环经济原则、国际事务、废弃物跨境运输科，循环经济法规与资源保护法规科，部门的生产责任科，生活垃圾管理、矿物与危险废物填埋科，包装废弃物预防与再生利用、再生利用回收资源科，国家资源效率科和欧盟与全球资源效率、初级原料政策科。从图 2-2 可以发现，BMUB 将废弃物与资源管理及资源效率视为一体，强调废弃物管理不只是“管理垃圾处理设施”，更重要的是应用循环经济的概念，在进行最终处置之前，尽力让材料可以再循环，成为新的产品或二次原料。

德国联邦政府辖下设有 16 个州，各州均设有环境部，负责拟定州内的固体废物处理与固体废物预防的方法、执行、实施、技术规范和废弃物管理方案，同时具有执法责任。州政府在布鲁塞尔设有代表处，反映州内意见，为欧盟政策制定提供参考建议。各州政府在柏林设有协调办公室，确保能将现状及时反馈。

在州政府层级，以巴登 - 符腾堡州为例（图 2-3），由该州环境、气候保护、能源部（UM）下设的原则、可持续发展、气候保

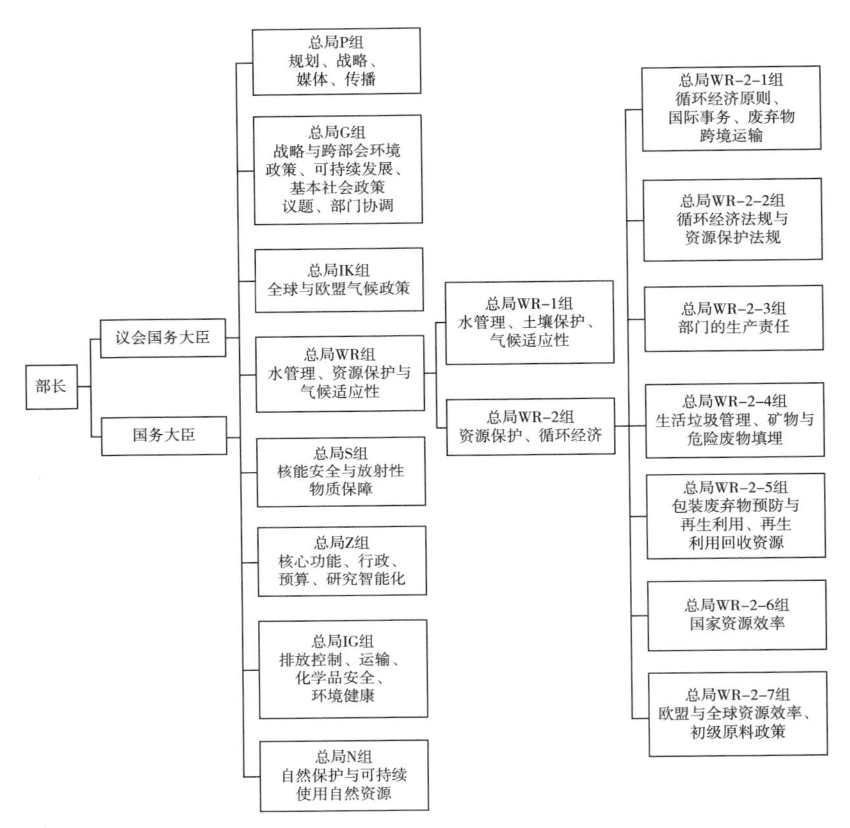

图 2-2　德国联邦环境、自然保护与核安全部职能架构

资料来源：参考德国联邦环境、自然保护与核安全部架构绘制。

护、环境技术、回收司负责管理州内一般固体废物处理、回收再生等事务，制定《废弃物管理方案》。危险废物的处置则另外由 UM 辖下的特殊废物局（SAA）负责管理、监测。巴登 - 符腾堡州《废弃物法》（LAbfG BW2008）是该州废弃物管理的法律依据，在德国联邦法律框架之下，明确规范州内废弃物管理责任与机制。

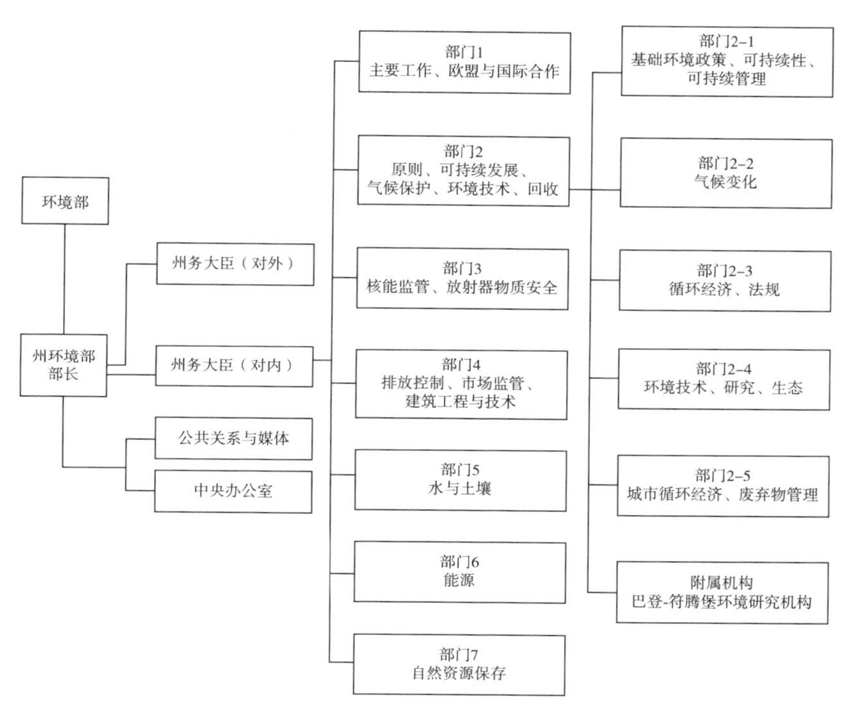

图 2-3　德国巴登 - 符腾堡州环境、气候保护、能源部职能架构

资料来源：参考德国巴登 - 符腾堡州环境、气候保护、能源部架构绘制。

巴登 - 符腾堡州分 4 个行政区，各行政区下设区域政府，区域政府设有环境部门，负责监督和批准废弃物处理设施、监督废弃物处理程序、提供政府废弃物管理部门的法律和技术支持、提供城市生活固体废物管理的专业支持。在行政区之外，巴登 - 符腾堡州另有 12 个区域合作组织，负责协调区域内城市间的跨境议题，废弃物管理与处理也是其中一环。

从德国的垂直治理与部门分工情况来看，无论是联邦政府还是州政府的废弃物管理与循环经济职能，都是由环境部门统筹管理。这样的职能分工能够确保从联邦政府到地方政府都是同一脉络，使政策与行动易于落实。

2.2.2.2 德国在各层级都有水平治理网络支持固体废物管理工作并推广循环经济

在德国联邦政府层级，联邦环境局（UBA）作为 BMUB 的合作协同单位，主要在排放控制、土壤修复、废弃物管理、水资源管理、与公众健康相关的环境问题研究方面为 BMUB 提供技术支持。UBA 设有可持续生产与产品、废弃物管理科以及化学品安全科，负责对资源效率、循环经济政策进行研究。随着此议题逐渐成为德国联邦政府的侧重点，UBA 另外组成联邦环境署资源委员会（KRU），其任务之一是提出资源政策的具体建议。UBA 另一个重要的任务是提高公众对环境问题的认识，负责定期发布环境数据指标报告，同时负责维护运营德语区最大的环境图书馆。

为了确保德国境内环境管理的一致性，在州政府层级设有联邦与州政府环境部长会议（UMK）。UMK 是由 BMUB 部长以及各州的环境部部长或主管环境议题的议员组成，目的是向联邦政府反映州政府意见，通过定期协商与联邦政府协调并达成共识及寻求解决方案。UMK 虽然在事务中没有任何实质性的决定权与法律效力，但是通过协商与召开会议，传达州政府对于社会可持续发展的共同意志。

UMK 内设有固体废物工作委员会（LAGA），其职能是制定指南和信息文件，并确认各州的废弃物管理模式是否具有一致性，促进州政府之间的经验交流与信息交换。LAGA 由州政府的废弃物管理部门和 BMUB 废弃物管理部门共同组成，内有 3 个子委员会，分别是产品责任委员会（APV）、废弃物法规委员会（ARA）以及废弃物处理技术委员会（ATA）。

在德国市镇层级，市镇公司协会（VKU）作为德国市镇公用事业和废弃物处理行业的代表机构，作用是代表废弃物收集清运处理厂商和市政府进行合作及沟通协调。VKU 设有 12 个办公室，董事会由企业和市镇政府代表共同组成。此外，另有由市政府组成的德国城镇协会（DStGB）、德国城市协会（DST），同样致力于促成市镇间针对固体废物管理议题的合作。

在各城市也有许多非营利组织、在地团体、社会企业，通过不同模式齐心合作，例如无废德国（Zero Waste Germany）、食物救援（Sirplus）、环境工作坊（Eko Workshops）等。这些组织提倡各式各样的减废生活方式，目的是让材料停留在固体废物处理金字塔原则的前四个阶段，即预防废物产生、重复使用的准备、回收、其他形式的再生利用（包含能源再生利用）。

德国也积极将其影响力扩散至其他国家。2019 年 5 月，经济合作与发展署（BMZ）与印度尼西亚、加纳以及超过 30 个机构（包含欧洲绿点、伯布林根市废弃物处理商等）在柏林宣布成立预防废弃物联盟（Prevent Waste Alliance），该联盟是德国国际合作机构（GIZ）倡导循环经济的行动项目之一，目的是努力预防废弃物产生，尽可能收集与回收废弃物，并且在世界各地使用回收材料。该联盟重点关注塑料、电子电器废弃物与城市生活垃圾管理，推动制定全面、系统的方法，解决废弃物问题，促进发展循环经济。

2.2.3 政策顶层设计

德国强调闭环管理和使用回收材料

早在 2002 年，德国就发现当时的生活、生产、消费模式所耗用的原物料资源已经超过环境可以承受的程度。因此，在《国家可持续发展战略》中设立了目标：与 1994 年相比，2020 年的原物料生产力将呈倍数增长。

历经长时间的努力，以及通过与公民团体、企业、政府部委的咨询协商，2012 年，德国内阁正式出台了《德国资源效率方案》（ProgRess），明确原则与政策方针，强调闭环管理和使用再生材料。ProgRess 所涵盖的范围包含非生物的矿石原料、工业用材料、建筑用材料，以及生物性原料。方案确立 4 项工作重点：将生态环境需求和经济机遇与创新及社会责任相结合；国家资源政策同时担负世界公民责任；逐步让经济和生产活动减少对初级资源的依赖；扩大实践闭环管理。希望借助以上的工作重点让德国往有质量的成长路径迈进，以确保资源的长期及持续利用。ProgRess 主张设立可以清楚明确闭环管理贡献的指标，特别是在通过重复利用、再生利用和回收措施减少对初级原料开采方面有着相当大的贡献。

ProgRess 纵观价值链管理，提出一系列切实可行的战略路径，以达成政策目标，包括：

- 实行联邦政府的《2010 原料战略》：实践回收利用、闭环管理，设立德国原料署（DERA），提供平台让专家学者针对减少原料开采的解决方案交换技术与科研成果。
- 扩大使用可再生原料：例如以废弃物作为原料，可以减少对于初级原料的开采使用，并且应用梯级利用概念。
- 刺激企业在资源效率层面扩展研发与增强竞争力：政府提供给企业各种自我测试工具，让企业可以得知其在当前价值链上的效率表现以及如何增进；由联邦政府经济和科技部（BMWi）提供专家建议与支持，BMUB 提供能力培训活动，各区域通过协会与区域组织进行交流分享与串联。
- 发展和传播有效的资源再生利用生产方式与加工方法：例如 BMUB 的环境友善研发项目、BMWi 的中小企业研发方案等，促进企业利用再生原料。
- 在产品设计阶段考量资源利用效率：使用再生原料或再生材料，应用闭环管理让产品可以在生命周期当中被持续重复使用；在州政府层级，推广应用针对建筑领域开发出的评估工具——州政府可持续建筑（BNB）。
- 以资源效率性作为企业和消费者进行交易与购买行为的准则，如蓝天使环保标章。
- 以公共采购推进资源高效利用：例如德国联邦政府食品、农业与消费者保护署（BMELV）通过 NawaRo-Kommunal

项目，向地方政府提出尽可能在公共采购过程中选用可再生原料制成的产品的要求。

- 强化生产者责任制。
- 优化固体废物收集与回收过程。

ProgRess 每 4 年重新检视一次。2016 年，德国内阁正式公告施行《德国资源效率方案第二期》（ProgRess Ⅱ）。ProgRess Ⅱ除了检视过去 4 年联邦政府、州政府、地方政府的执行成果，也盘点了正在执行的项目，并提出 2016—2019 年十大工作重点，其中与废弃物管理密切相关的项目包含：

- 发展资源有效的循环经济：避免废弃物的产生、强化生产者责任制、推广回收与再生利用、加强固体废物收集与回收过程、更有效回收利用生物质废弃物、增加有价与稀有金属的收集与回收利用、增加污水污泥中磷的回收利用、发展城市采矿。
- 跨部门政策工具：设立早期预警系统与数据资料库、推广鼓励金融机构将资源效率作为决策准则之一、使用市场经济工具并减少补贴、整合关于资源有效利用的国家法律框架、开发测算资源效率的方法和工具、强化科研成果与企业实践的合作。

为了切实执行《循环经济法》和 ProgRess Ⅱ，并确保产品材料停留在固体废物处理金字塔原则的前四个阶段，德国联邦政府将制定《废弃物管理方案》和《废弃物预防方案》的职责交付给各州。在各州制定的《废弃物管理方案》中，需要明确该州的生活固体废物管理机制、法律依据、固体废物类型与产生量、固体废物处理方式、未来固体废物产生量的推估，同时要提出固体废物管理目标。

以巴登-符腾堡州为例，2015年出版的《巴登-符腾堡州废弃物管理方案——城市生活废弃物》，在德国与欧盟循环经济政策的框架下，强调循环经济对废弃物管理的重要性。方案估算了2020年与2025年的固体废物产生量，并且提出了一系列应对措施，包含废弃物预防、重复使用、回收、再生利用等，同时也提出量化目标。

- 废弃物预防：减少生活固体废物，由平均每人每年产生约124 kg生活固体废物，下降16%至平均每人每年最多产生约104 kg的生活固体废物。
- 生物质废弃物：2020年分类收集量提高到平均每人每年60 kg，提高分类收集量；扩大建设基础设施（还需要12～15个生物质处理厂）。
- 林业废弃物：2020年分类收集量提高到平均每人每年90 kg，木质废弃物发酵处理约占20%、其他草本废弃物堆肥处理约占25%。
- 可回收材料：2020年分类收集量由平均每人每年7 kg提高至160 kg。
- 废电子电器产品：2016年分类收集率为45%；2019年分类收集率为65%（与欧盟指令要求一致）。

2.2.4 实践案例——柏林：无废是生活基本准则

2.2.4.1 政策议程

如前节所述，德国各城市皆依照规定必须拟定《废弃物管理方案》，纵然少部分城市依旧保持着“废弃物处理即减少废弃物对环境危害”这一消极观念制定计划，但柏林与其他城市不同。2016 年，柏林市议会改选之后，联合政府中的社会民主党、左翼党、绿党共同提出新的政策议程《团结柏林》。该政策议程特别提出“无废宣言”，明确指出柏林的废弃物管理将朝向循环经济发展，以达成无废理念的目标。

该宣言指出，负责柏林市废弃物处理的“柏林市政清洁”公司主要职责是增加废弃物中可回收物的循环利用，不再只是从事废弃物清除与收运工作。同时强调电器和家具的维修与二次出售比例将提高，并且在柏林市推行可重复使用的押金制饮料杯系统，以减少一次性咖啡杯的废弃数量。宣言强调，柏林市将持续在联邦政府层级推动废弃物相关法律改革，推动循环经济的发展以实现“无废城市”的目标。

2019 年，根据《促进循环经济法》的框架要求，柏林市议会针对生活废弃物、建筑废弃物、污水污泥提出 2020—2030 年的行动方案与目标，将重点放在建构以回收、重复使用为导向的循环经济，并强化废弃物的高质量回收使用。该行动方案强调，“无废”是指当产品或物品仍然可用或可维修时，首先应思考如何重复使用；当无法重复使用时，优先考虑材料类型是否适合回收。只有形成具体可行的实施策略，将现有废弃物管理延伸发展成为循环经济与闭环管理，才能实现“无废城市”的目标。

2.2.4.2 实践行动——喝咖啡与去餐馆都是无废行动

“柏林市政清洁”公司发现，每天柏林市要丢弃约 46 万个一次性咖啡杯，这些咖啡杯只被使用了 15 min，每年却因此产生了 2 400 t 的垃圾。因此该公司和柏林市议会的环境、运输和气候保护部门，当地咖啡贩售商家，押金制杯子租借服务公司，环境保护机构等共同发起了“更好的世界杯”（Better World Cup）行动。参与该行动的咖啡商家，大多为消费者提供直接现金折扣，只要消费者自备环保杯购买饮料，可直接享受 10 ～ 20 欧分的优惠。许多咖啡厅与押金制杯子租借服务公司合作，提供给消费者更多减少废弃物的环保便利选择。

在柏林的咖啡厅，如果顾客想要外带咖啡，却忘记携带自己的环保杯，他们也不用担心因为拿到一次性的塑料杯或纸杯而造成环境负担。消费者只要支付 1 欧元的押金，就可以把咖啡装在由店家提供的非一次性杯子当中，将咖啡带走。当咖啡喝完之后，消费者也不需要回到原本的咖啡厅归还杯子，只要打开手机的地图，选择所在地附近的押金制合作商家，即可将杯子归还（图 2-4）。

图 2-4　柏林的押金制咖啡杯

资料来源：https: //www.recup.de.

2019 年夏天，柏林第一家无废餐馆 Frea 开始营业。从室内设计与装潢开始，经营者有意识地将废弃物的生成量降到最低。许多装潢材料在运送过程中都用塑料进行包覆，以减少碰撞产生的损害，然而这些塑料大多数是无法回收的。为了降低废弃物的产生，经营者将这些无法回收的包装收集好之后，交由特殊厂商进行处置，转制成墙上的艺术品。

经营者明白食材的运送也是废弃物产生的途径之一，为了减少真空包装以及其他各类延长食材寿命的包装，经营者直接向本地农场订购，农场将食材以“裸卖”的方式，装在可重复利用的容器中，运送至餐厅。餐馆内设有餐厨废弃物处理设备，只要将餐厨废弃物置入该设备，经过 24 小时，这些餐厨废弃物就形成了可增加土地肥沃度的肥料，餐馆再将肥料提供给合作农场，这样就形成了闭环经济与无废实践。

半公营的市政废弃物处理公司在废弃物的全链条管理过程中扮演着重要角色。市政废弃物处理公司不再只是消极地处理终端废弃物，而是开始往废弃物产生的源头上追溯，号召民众与企业共同采取行动，这不仅促成创新公司（押金制环保杯）的茁壮成长，也推广了绿色生产与消费的生活形态。

2.3 荷兰

2.3.1 法律框架

荷兰《环境管理法》（Wm）的第十章是废弃物管理的专章（表 2-4），该章作为荷兰固体废物管理的法律基础，并且反映欧盟的循环经济政策和废弃物管理框架指令。该专章明确国家每 6 年需要制定一次《废弃物管理方案》和《废弃物预防方案》。在执行废弃物管理时，必须遵照固体废物处理金字塔原则的五个阶段，并且允许各主管机关设立考核指标。与德国将部分立法权下放给州政府不同，荷兰的省政府或二级政府并没有法律制定权，因此一切都由国家级法律和管理方案进行细节规范。其中包括：规范市政府、市议会需共同合作负责处理城市生活固体废物，以确保在市政区内的生活垃圾处理地点每周最少要收集一次，并且法律明文规定要将生物质有机废弃物分类收集，其余分类项目由市政府和市议会决定等。工业固体废物与危险废物的管理也在该章有详细说明，包含在哪些情况下废弃物产生者可将废弃物交由其他单位处理、申报管理工业废弃物的性质和组成、废弃物运输规范等。

表 2-4 荷兰《环境管理法》（Wm）的第十章内容

节名	内容
第一节 一般	规范对于废弃物应该采取的行动与管理手段
第二节 废弃物管理方案	明确 6 年制定一次废弃物管理方案与其内容要项、废弃物管理方案与国家环境政策方案的协调、废弃物管理方案的地位、固体废物处理金字塔原则
第三节 重复使用、预防、回收、其他应用方式	因实施固体废物处理金字塔原则（本节已废止）
第四节 家庭和其他废弃物的管理	每周生活垃圾至少要收集一次、分类收集有机垃圾、市政当局职责包含制定生活垃圾收集分类品项
第五节 废水处理、收集和运输	废水生成的预防方式、废水收集与运输规范、市政当局有权制定废水处理的规则、每两年编写一次报告说明城市废水与污泥处理概况
第六节 工业废弃物与危险废物的管理	工业废弃物与危险废物移交及运输规范、可收集与运输工业废弃物与危险废物的机构、工业废弃物与危险废物处理规范
第七节 欧盟境内与境外废弃物运输	废弃物运输规范
第八节 其他	—

资料来源：荷兰《环境管理法》（Wm）。

2.3.2 部门分工

2.3.2.1 荷兰由中央政府担负多数责任，省政府无实际权力

与日本、德国的模式不同，荷兰是中央政府担负绝大部分的责任，次级政府的权力较小。在荷兰，水与基础设施部（IenW）为固体废物管理的国家级主管机关，下设水务管理局（RWS），水务管理局工作涵盖范围分为两个支系：国家级管理支系、区域级管理支系（图 2-5）。

国家级管理支系下的水、交通与环境组（WVL）负责管理全国循环经济与废弃物议题，区域工作组依地理区位共分为 7 个区（北部、东部、中部、西北部、西南部、南部、海与三角洲地区），作为国家水务管理局在各区的执行单位。

荷兰有 12 个省，省政府并没有对应的部门管理废弃物及循环经济事务。但在欧盟与国家循环经济政策推行的引领之下，许多省颁布了与循环经济、无废相关的政策文件。例如，西北方的菲仕兰省提出到 2025 年将实现循环经济，中部的海尔德兰省提出到 2030 年对初级原材料的使用将减少 50%，并成为无废的省份。

2.3.2.2 荷兰以水平治理积极推动循环经济、减少对初级原材料的利用

RWS 与同样是在 IenW 辖下的环境与运输督察局（ILT）共同合作，由 ILT 负责对危险废物收集清运者进行管理，包含审查收集清运者是否符合规范、能否申请许可证、定期监测回收品项并执行生产者责任制，监管废弃物跨境运输程序与申报等。ILT 同时也负责跨境的废弃物运输手续与管理程序。

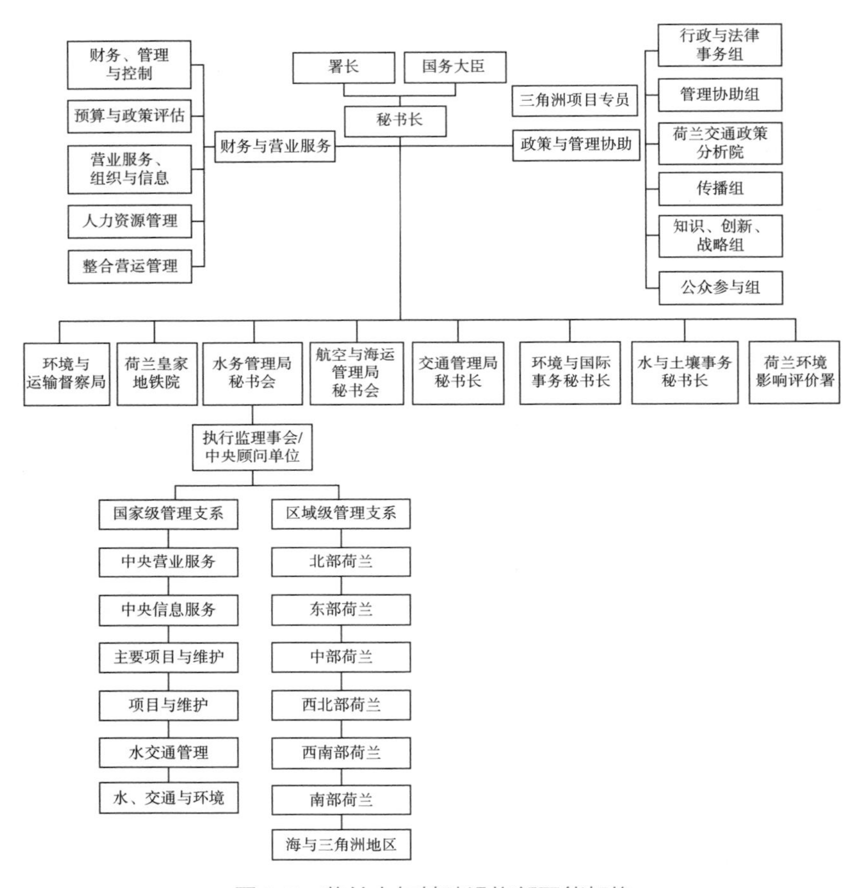

图 2-5　荷兰水与基础设施部职能架构

资料来源：参考荷兰水与基础设施部架构绘制。

荷兰环境评估政策分析所（PBL）是RWS的智库。作为国家重要的环境、自然、空间规划问题与战略分析研究单位，PBL受政府委托，开展前景研究，以综合方法进行分析与评估，为政策制定提供依据。通过研究结果，PBL得以掌握循环经济、废弃物管理政策的潜力与可能性，制定有科学根据的政策选项。

在荷兰境内，虽然次级政府并没有直接管理废弃物与循环经济的实际权力，但是由12个省政府共同组成的省政府协会（IPO）代表荷兰各省对各类不同议题向欧盟反映地方意见，其中也包含循环经济倡议和废弃物管理议题。

由于生活垃圾的处理责任在市镇层级，因此可见许多支持单位协助市政府推动废弃物管理，包括荷兰市政厅协会（VNG）、荷兰城市生活废弃物管理协会（NVRD）等。VNG由荷兰所有市政府与市议会组成，代表市镇层级向荷兰中央政府与欧盟反映政策执行层面的实际情形，并进行政策游说。NVRD则是由荷兰全国城市生活废弃物清除处理厂商及市政府代表组成，主要负责反映生活废弃物处理厂意见，也是市政府和厂商进行磋商与沟通的平台。

近年来，荷兰政府、企业、民间组织积极推动循环经济的发展，建立更优质化的废弃物管理模式，城市层级和多种网络协会合作机制层出不穷。例如2015年阿姆斯特丹市政府和20多个组织（包含能源、住房、城市创新等领域）签署了循环宣言，在进行区域开发时，方方面面的实践均贯彻了循环经济以及尽可能回收利用材料的理念。

荷兰的废弃物再利用实践领域也在各城市开枝散叶。作为创新产业的发源基地，坐落在鹿特丹的蓝色城市（Blue City），将废弃的水上乐园重新改建为循环经济创新公司的摇篮，目前进驻的产业包括以咖啡渣种植蘑菇的 Rotterzwam、以废弃水果皮制成皮革的 Fruitleather、回收汽车和自行车轮胎的 KEES、致力于减少食物—能源—水关系中不必要浪费的 Wastefew 等，详细介绍见 2.3.4。

2.3.3 政策顶层设计

2013 年，由 IenW 牵头，荷兰内阁联合财政部、经济事务与气候部（EZK）、外交部（BZ）、住房与公共建设部（WR）共同提出《让废弃物变成原料政策方案》（VANG）。该方案强调荷兰将利用自身科研优势，在产品设计阶段就把循环经济、物质材料可重复使用和利用的概念纳入其中，并且在未来促进产品更易于被修复，积极推动产品回收、再生利用。

该方案强调，在循环经济社会里是没有废弃物的，荷兰的废弃物管理也遵照这个精神展开。通过更严格地执行分类收集政策，减少进入焚烧厂的废弃物，尽量让废弃物可以通过重复利用、再生利用、回收等方式延长寿命，使社会再也没有“废弃物”这个概念存在。

该方案提出，未来荷兰的废弃物管理政策重点将放在循环经济上，目标是强化材料的再利用，加强工业固体废物与生产链管理，政府将努力更新阻碍产业进行高质量利用、回收残余物的过时法规与规范。该方案提出购买行为影响力，强调作为消费者的一般公民和政府单位应善用其购买行为的影响力，推动回收再生市场及维修市场的发展。

2014 年，荷兰出台了《让废弃物变成原料方案——生活废弃物方案》（VANG-HHA），聚焦生活废弃物的管理与实施方案准则，各城市在此框架下订立细则。该方案主张在 2020 年生活废弃物分类率要达到 75%、废弃物焚烧量与填埋量要从当时的 1 000 万 t 下降至 500 万 t、平均每人每年所产生的家庭生活废弃物要从 250 kg 下降至 100 kg。2018 年出版的评估报告显示，超过 90% 的市政府都已经制定相应的政策方针和措施，并且有 50% 的城市给出了具体的量化指标，明确了各城市在 2020 年之前达成的生活废弃物减量目标和分类率目标。

2016 年，为了让荷兰在 2030 年前对初级原料（包含矿产、化石燃料、金属）的使用率减少 50%，由环境部长和经济部长牵头，共同提交了《全国循环经济方案》。该方案建立在 VANG 的基础上，将政府当前的政策路径进行汇总与协调。例如过去的《2030 年生物质能愿景政策》和《原料备忘录》的内容，就直接写入了此方案中，再次强调重复利用、再生回收的重要性，并且明确国家即将对与固体废物相关的法律与规章制度进行调整。

《全国循环经济方案》首先选取 5 个价值链，优先作为工作重点，提出质化或量化目标。

- 生物质能与食物：通过闭环使所有生物质和食物原料、半成品、成品的使用效率最大化；使用生物质能可以减少甚至取代对化石燃料的依赖，开发新的生产和消费方法使现有的食品和生物质能消费模式能够转为可持续发展的形态。

- 塑料：塑料产品必须设计为可以重复利用的、可以进行高质量回收的，尽可能增加塑料价值链效率，以减少对原材料的使用量，优化对再生塑料的使用量。
- 制造业：减少对稀有金属与矿物的使用量、增加价值链的效率并重复利用金属和矿物、发展新生产和消费模式、引导消费者购买循环经济产品与服务，从使用化石燃料转为使用可再生原料。
- 建筑部门：使用再生材料，建筑生命周期内材料使用最佳化，二氧化碳排放最小化。
- 消费品：2020 年之前，平均每人每年所产生的家庭生活废弃物最多只能是 100 kg；在 2025 年之前，平均每人每年所产生的家庭生活废弃物最多只能是 30 kg；在 2022 年之前，政府机关、商业公司的生活废弃物产生量必须减半。

2018 年，荷兰提出新版的 VANG-HHA 执行方案，再次重申量化目标，并且加强保持和《全国循环经济方案》的一致性，乐观并务实地向“在 2025 年之前，平均每人每年所产生的家庭生活废弃物最多只能是 30 kg”的目标前进。

荷兰主要由 RWS 负责制定国家废弃物管理方案。2017 年出台的《废弃物管理方案》（LAP3）涵盖废弃物管理政策、循环经济政策、个别废弃物管理细节、废弃物进出口政策等，是荷兰管理废弃物的主要政策指南，所有部会、市政单位在进行废弃物管理时，都必须参照《废弃物管理方案》（LAP3）的内容，因此可以说该方案是国家政策集锦。

除了不包含放射性废弃物、粪便、经干燥法处理的废弃物和废水外，《废弃物管理方案》（LAP3）涵盖了《环境管理法》（Wm）范畴下所有的废弃物，实施日期为2017—2023年。荷兰政府意识到当前循环经济的发展使废弃物管理的样貌更加复杂多变，因此在《废弃物管理方案》（LAP3）中，特别强调必须以“动态、滚动式管理”方式，灵活调整方案。《废弃物管理方案》（LAP3）地位虽然不及法令，却是政策实施的实际指导原则。

《废弃物管理方案》（LAP3）和《全国循环经济方案》保持高度一致性，并且制定量化目标：2023年废弃物总产生量少于6 100万t、2029年废弃物总产生量少于6 300万t；增加准备重复利用和回收的份额，从2014年的77%增加到2023年的85%；增加建筑废弃物准备重复利用和回收的份额，从2014年的92%增加到2023年的95%；增加工业废弃物准备重复利用和回收的份额，从2014年的81%增加到2023年的至少85%。即使这份方案是在2018年欧盟《废弃物框架指令》（2008/98/EC）的最新修正案（编号2018/851）之前一年出台的，但是荷兰所提出的量化目标，仍然比欧盟最新修正案内的目标更有野心。

2.3.4 实践案例

2.3.4.1 阿姆斯特丹：整个城市都是无废与循环经济行动的实验室

（1）政策议程

作为荷兰创新基地的阿姆斯特丹，除企业走在创新前端外，政策与行动方案更是领先欧洲其他城市。2015 年，该城市出台了《可持续议程》，主张通过可再生能源、清洁空气、气候韧性、政府管理以及循环经济推动城市可持续发展。

阿姆斯特丹市政府认为，在循环经济系统下，能源、自然资源、食物都应该被妥善利用，循环系统中不再有“废弃物”的存在，所有丢弃的商品与材料都只是被错置的“资源”。阿姆斯特丹提出城市发展循环经济的七大原则，其中第一项就开宗明义，指出“无废”与“循环经济”的关系。

①循环经济中不再有废弃物，所有材料或产品都将再次进入价值链条循环；

②所有能源都将来自可再生能源；

③自然资源将被用于产生新的金融或非金融收益；

④模块化与灵活的产品设计和供应链将提高系统的适应性；

⑤发展新的生产分销与消费方式，从“拥有产品”过渡到“使用服务”；

⑥发展区域级服务与逆向物流；

⑦使人类社会经济活动朝向有助于生态系统及其服务的方向发展，并且重建自然资本。

阿姆斯特丹善用城市丰富的创新精神并将其作为优势，推动循环经济城市创新项目，利用多种类公私部门合作机制作为试点项目，包含阿姆斯特丹创业项目、城市解决方案协会等，发展分享经济、维修与回收产业。

阿姆斯特丹将“增加建筑材料循环性”“生活废弃物分类”作为两大行动重点。该市认识到具有多间住户的高楼层房屋是生活废弃物分类的盲区，因此提出在2020年前生活垃圾分类率达65%以上的目标，强调有效且妥善的分类是材料再利用与重复使用的基础。

2018年，经历议会选举之后，联合政府中的左翼绿党、六六民主党、工党及社会党共同提出新的政策议程《春天的新声》。该政策议程提出到2025年，阿姆斯特丹将会变成一个充满公平、高度连接、自由、民主、可持续、充满希望和可能性的城市。

阿姆斯特丹在推动城市可持续发展方面，始终特别强调循环经济与“无废城市”。该市持续投资将废弃物链条可持续化的项目，目标是让废弃物链条成为生产原料的供应来源，践行“所有丢弃的商品与材料都是资源”。市政府与市议会除了与废弃物处理商及水生产与处理厂商合作开发废弃资源回收利用系统，也投入力量强化垃圾分类、有机堆肥、工业废弃物收集处理等。

为了让“废弃物链条可持续化”行动更聚焦，阿姆斯特丹正在着手拟定新的策略方案以达成废弃物减量、回收率提高的目标。2019年第四季度，阿姆斯特丹市政府出台了《循环经济与可持续性废弃物链条策略》与新的废弃物与资源利用实践方案。

（2）实践行动——De Ceuvel 无废社区

目前，阿姆斯特丹主要的循环经济与“无废城市”实践区域是 De Ceuvel。De Ceuvel 位于阿姆斯特丹市中心的东北部，原本是座造船厂，造船厂关闭之后，因为工业导致土壤污染使得该地区荒废而无人问津。由于该土地所有权掌握在市政府手上，市政府在 2010 年提出可持续创新的招标项目，对外租赁该地区土地的使用权，为期 10 年，唯一的条件是，项目与创意必须符合可持续发展理念。经过招标最后一组主张在此地打造循环经济体系的项目获选，于 2013 年开始进驻。

14 个老旧废弃的船屋被运送到 De Ceuvel，作为创新产业的工作空间。每个船屋以木栈道连接在一起，避免人体直接接触污染的土地。污染的土地上种植着可吸附污染物的植物，这些植物可以进行污染清除工作；船屋产生的生活污水经分流、植物净化后再回收利用。

De Ceuvel 由 5 个部分组成（温室菜园、咖啡厅、船屋社区、行动实验室、沼气船屋），被打造成一个充分利用废弃物流的社区。温室菜园采用的是鱼菜共生的循环方案：将含有鱼类粪便的水进行处理，留下养分作为种植蔬菜的水源；蔬菜根部将水净化后，再将水供应给鱼类。

咖啡厅完全以材料再利用的概念，使用阿姆斯特丹港口的废弃系船柱与来自海牙的废旧建筑材料打造。除了以温室菜园的蔬菜与鱼类作为食材外，社区也与当地咖啡烘焙商合作并以公平交易方式购买咖啡原豆。咖啡厅产生的厨余垃圾则以堆肥的方式进行处理，而产生的“黑金土”再施用于社区的其他作物。咖啡厅配有无水堆肥环保厕所，通过分离固体与液体，使人类排泄物转化为肥料。

船屋社区由 14 个老旧废弃船屋组成，作为创新公司的创业基地，船屋内设置热交换系统以捕捉并回收 60% 的散逸热气；屋顶设置 150 组太阳能光伏发电板，每年生产 3.6 万 kW · h 电。可再生能源通过加密货币在虚拟市场进行即时交易，所赚取的加密货币可在 De Ceuvel 内流通；船屋社区产生的厨余垃圾被送至沼气船屋用于能源供给，所产生的能量用于咖啡厅的厨房煮食。

行动实验室是 De Ceuvel 的大脑，许多无废与循环经济的实验行动都是从这里开始。行动实验室经过特殊设计，将灰水与雨水的排水管线分离，以最大限度地再度使用与回用水资源。

虽然 De Ceuvel 目前仍然有部分资源依赖外部供给，如电、食物等，但是该社区希望最终能达成 100% 使用再生能源、100% 水回收、70% 的生物质营养回收，建立一个真正无废并且循环再生的社区。De Ceuvel 已成为当地居民周末重要的休闲场所，除在咖啡厅享受啤酒与美食外，De Ceuvel 将无废与循环经济的理念实体化，民众可以直接感受与体验，并持续思考在个人的日常生活中可以做出哪些改变。

De Ceuvel 的案例展示了地方政府推动无废与循环经济行动的最重要元素——保持开放心态并且掌握重点。阿姆斯特丹市政府与市议会面对荒废的污染土地，舍弃等待或寻求开发商的传统做法，而是敢于求新求变，以打造“可持续社区”为重点，开放土地使用权，并接受新创意与新方法。地方政府确立主要目标与重点，同时不过分干预，让社区享有足够试错的空间，以尝试各类新的想法与做法。即便如此，De Ceuvel 在推动沼气船屋时，依旧遭到现有法律框架的限制。但值得深思并学习的是，地方政府官员与社区行动者共同组成工作小组，深入了解问题，并且共同思考寻求解决方法。

2.3.4.2 鹿特丹：坐而言，不如起而行

（1）政策议程

拥有欧洲最大港口的鹿特丹市，早已认识到循环经济是迈向“无废城市”的路径，并积极尝试从线性经济过渡至循环经济。该城市在 2019 年提出了《从废弃物到珍宝——鹿特丹循环议程》，其中提到，未来理想的社会是没有废弃物产生的，所有废弃物都将被转化为原料，并且承诺在 2030 年将减少 50% 的石化初级原材料使用量，到 2050 年实现“无废城市”。

该市委托咨询公司调研后发现，作为一个持续建设、担任物流枢纽、拥有巨型港口的城市，转型成为“无废城市”的关键在于妥善利用废弃物，实现物质流闭环；并且也认可“无废城市”的推动工作对于实现应对气候变化目标也存在显著贡献。

鹿特丹市将“建筑部门”“有机废弃物”“生活消费品废弃物”“医疗行业”作为四大重点领域推动循环经济与无废行动，各领域分别有着 2019—2023 年行动项目。

- 建筑部门：完善材料护照（记录建筑材料的来源与数量、未来可再利用的可能性）、开发商与建筑商的循环回收协

议、二次建筑材料银行、二次建筑材料虚拟市场。

- 有机废弃物：加强餐厨废弃物与有机废弃物收集、创造有机废弃物的价值。
- 生活消费品废弃物：减少不可回收的废弃物、设立升级改造中心、改善塑料与饮料包装的分类情况。
- 医疗行业：加强废水处理过程药物过滤分离、加强医院大型建筑物材料循环利用。

政策议程特别强调，创造循环与无废的城市，需要政府、企业、民众的通力合作。鹿特丹市政府、鹿特丹港、南荷兰环境保护协会、鹿特丹伊拉斯姆斯共同成立循环鹿特丹工作组，全力鼓励循环与无废相关的各类产业与创新行动。

除政府与民间的合作外，推动循环与“无废城市”，更需要各级政府之间的协调与配合，鹿特丹市政府在其中扮演着关键角色。市政府识别阻碍发展循环与“无废城市”的法律规范，反馈给中央政府，推动相关法律规范的修正与改良；市政府对建筑与拆迁行业发行“循环许可”，借此鼓励企业推动循环行动。市政府利用公共采购，以政府采购引领市场行为，购买符合闭环精神的商品与服务；同时也将闭环精神应用于公共空间改造，要求使用 100% 高质量可回收产品。

（2）实践行动——衣、食、住、行都能循环无废

走在鹿特丹的街头，只要用心观察，任何一个角落都可以发现令人耳目一新的循环无废项目。名为“蓝色城市”的循环无废企业孵化基地，是由废弃多年的水上乐园改造而成的（图 2-6），室内

一端依旧留有划水道、玻璃帷幕、游泳池，正好作为温室以种植作物。另一端的办公区域，窗框与玻璃都是由城市拆除的废弃材料组成（图 2-7）；为了让这些废弃的窗框与玻璃可以再利用，办公区域因此相应调整尺寸。

图 2-6 “蓝色城市”废弃水上乐园现状

图 2-7 荷兰鹿特丹“蓝色城市”窗框再利用现状

资料来源：“蓝色城市”网站。

进驻“蓝色城市”的创新企业（产业），充分落实闭环、无废、可持续的精神。在鹿特丹市回收咖啡渣作为原料来种植蘑菇的 Rotterzwam（图 2-8、图 2-9），认知到废弃的咖啡渣适合用于种植

图 2-8 Rotterzwam 收集咖啡渣过程

图 2-9 咖啡渣种植蘑菇

资料来源：https: //www.rotterzwam.nl.

蘑菇，不仅能避免把有利用价值的废弃物投入焚化厂燃烧，而且每回收 1 kg 的咖啡渣还可以减少 4.3 kg 的二氧化碳排放量。

Community Plastics 是利用生活垃圾中的废塑料加工制成新产品的企业。工作者骑着自行车在城市里收集塑料，并将塑料再制成小圆桌、瓷砖。Fruitleather 将丢弃的水果皮转化成皮革，制成皮鞋与皮包，充分实践无废的理念。

鹿特丹港口正在进行将废弃物转化为化学原料与生物质燃料的回收项目。生活垃圾中有许多无法回收的塑料废弃物（如混合材质的塑料膜），这些塑料通过热化学技术处理后，能够形成甲醇，可以取代通常由天然气或煤炭生产的甲醇，供化学工业与运输部门使用。根据实际运行显示，36 万 t 的塑料废弃物可以生成 22 万 t 的甲醇，这不仅解决了 70 万个家庭的塑料废弃物处理问题，也减少了 30 万 t 的二氧化碳排放量。

在鹿特丹，替孩子举办派对不再需要由家长采买扮装道具，SCRAP 与企业合作回收废弃的塑料、纸板、纺织品、橡胶、绳索、木材、纸张，将回收的材料制作成各式各样的玩具与道具，并教导孩童自己利用这些废弃材料，在玩耍中将无废的理念传达给孩子们。在城市的另一头，有专门出售废弃与剩余建筑材料的企业，这是个废弃建筑材料集散地，可以购买到鹿特丹市政厅淘汰的橡木桌子、各式桌板、陶瓷水槽、瓷砖、屋瓦等，网站上清楚地标示规格与尺寸，也说明了来源与库存量，让正在进行装修的家庭或办公室，可以从这个平台购入依旧有使用价值的材料，从而减少废弃物的产生。

在政府协助之下，鹿特丹市成立了存放废弃与剩余土壤的“银行”。鹿特丹每年有许多建筑进行开发、改造、重建，会产生大量的废弃土方。为了让数百万吨的土壤与残余物能够被妥善循环回收利用，鹿特丹市政府设立了详细规范，以确保土方的质量、明确适合用途等，并采用严格的注册系统，保障土壤再利用不会对环境产生二次污染。

在鹿特丹地铁站内，可以轻易地发现由鹿特丹在地企业 Ecoeuros 开发的瓶罐回收机。Ecoeuros 与鹿特丹地铁公司合作，于地铁沿线摆放瓶罐回收机（图 2-10），同时也和本地商家合作，只要民众将饮料瓶罐投入机器，就能获得本地商家的优惠券，品项多元，包含咖啡店、花店、比萨店等商家的优惠券，民众也可选择将优惠券捐赠给社会福利机构或动物园。

图 2-10　位于鹿特丹市内地铁站的瓶罐回收机

资料来源：Rotterdamcirculair.nl.

吃不完或是过期的面包，在鹿特丹也能成为能源。由于意识到荷兰每天大约会有 43.5 万条面包被丢弃，Broodnodig 着重于解决废弃面包的问题，在鹿特丹市共设置 90 个面包回收站，每日以电动车收集废弃面包，将这些面包转化为沼气。该项目已成功完成初期阶段性目标，目前管理权已转交至鹿特丹市政府，由市政府持续实践变废为宝的工作。

鹿特丹市成功营造了一个让创业者愿意尝试无废与循环解决方案的创业环境。市政府拟定清楚的政策目标与方向，对市场释放信息，循环与无废是未来城市的发展方向；并且通过专门的工作组协助新方案推动，减少过分干预，与企业共同合作，共享资源，形成政府与企业联合实践“无废城市”的氛围。

2.4 芬兰

2.4.1 法律框架

芬兰的《废弃物管理法》（646/2011）是一部非常详细的法律（表 2-5）。该法律明确：任何经济活动必须优先考虑减少产生废弃物的数量和降低危害，并且遵守固体废物处理金字塔五阶段的原则。无论是废弃物产生者、收集者，都必须将废弃物在其生命周期内对环境产生的影响纳入考量。对于产品制造商、营销商和经销商的责任和义务也都有详细规范，并且涵盖了污染者付费原则，要求废弃物产生者必须负担处理废弃物的成本。为了达成立法目的，该法允许区域政府或市政府可以另外设立详细的施行细则与目标。该法列举了涵盖在生产者责任制内的产品，也明确规定产品经销商必须对特定产品设立免费回收机制；同时也以专章说明饮料包装押金制的规范、适用押金制的饮料包装的标识内容等。

表 2-5 芬兰《废弃物管理法》(646/2011)分章内容(简述)

章名	节名
第一章 一般规定	第一节 立法目的
	第二节 适用范围
	第三节 不适用范围
	第四节 军队与武装部队适用范围
	第五节 废弃物定义
	第六节 其他定义
	第七节 危险废物分类
第二章 责任与原则	第八节 一般责任
	第九节 产品制造商、分销商责任
	第十节 政府对产品的规定
	第十一节 优先提倡事项
	第十二节 信息公开义务
	第十三节 预防废弃物管理造成的危险与伤害
	第十四节 政府在预防废弃物产生与废弃物危害方面的权责
	第十五节 废弃物分类
	第十六节 包装与标识危险废物
	第十七节 禁止混合危险废物
	第十八节 禁止在水域内焚烧废弃物
	第十九节 自给自足与地理条件原则
	第二十节 废弃物管理费用
	第二十一节 最终处置费用

续表

章名	节名
第三章　政府当局职能	第二十二节　国家当局
	第二十三节　市政废弃物管理局
	第二十四节　一般监督机构
	第二十五节　其他监管机构
	第二十六节　市政组织废弃物管理职责
	第二十七节　专家机构
第四章　废弃物管理与处置	第二十八节　废弃物管理组织规范
	第二十九节　废弃物处置
	第三十节　终止和转移废弃物管理责任
	第三十一节　废弃物运输
第五章　城市生活垃圾管理	第三十二节　市政当局对生活废弃物管理职责
	第三十三节　市政当局二级废弃物管理服务
	第三十四节　生活废弃物管理质量要求
	第三十五节　通过物业单位安排废弃物运输与收集
	第三十六节　市政当局废弃物运输服务采购规范
	第三十七节　物业单位废弃物运输规范
	第三十八节　市政当局权利
	第三十九节　物业单位信息公开
	第四十节　废弃物最终处置场所接收点
	第四十一节　废弃物运输
	第四十二节　废弃物收运处理商申报规范
	第四十三节　市政当局与废弃物收运处理公司合作
	第四十四节　废弃物管理之财务报表与审计
	第四十五节　废弃物处理费

续表

章名	节名
第六章　生产者责任	第四十六节　生产者对废弃物管理与其成本负责
	第四十七节　生产者权利与责任
	第四十八节　生产者责任适用产业与产品
	第四十九节　废弃物收运
	第五十节　生产者收运纸制品
	第五十一节　生产者有义务告知废弃物收受点的位置与开放时间
	第五十二节　促进重复使用
	……
第七章　饮料包装	……
第八章　垃圾收集箱	……
第九章　废弃物处理费	……
第十章　废弃物控制方案	……
第十一章　废弃物管理审批	……
第十二章　国际废弃物运输	……
第十三章　控制与信息公开	……
第十四章　诉讼与执法	……
第十五章　其他杂项	……
第十六章　生效和过渡时期	……

资料来源：芬兰《废弃物管理法》（646/2011）。

2.4.2 部门分工

2.4.2.1 芬兰提倡境内区域政府合作

环境署为芬兰的废弃物管理指导与监督的主管机关，也是相关政策的制定者。环境署下设的环境保护部负责管理大气治理、气候变化以及废弃物与循环经济议题。环境保护部共设 3 个处室，由物质经济组负责固体废物处理、化学品法规、国家循环经济行动方案、塑料行动方案议题。

芬兰属于地方分权治理国家，特别是国家范围大，环境署不易针对个别案件提出解释与处理问题，因此，仰赖环境署下设的执行单位协助（图 2-11）。芬兰境内设有 6 个区域行政署，由各地的区域行政署负责核发与废弃物处理相关的证照。各区域的经济发展、交通和环境中心负责指导与监管市政府执行废弃物管理，此中心也肩负拟定区域废弃物管理方案的任务，以及废弃物运输信息的监控。芬兰共设有 15 个经济发展、交通和环境中心，其中位于西芬兰省皮尔卡区的办公室，另外还负责监管芬兰全国的废弃物生产者责任，包含管理纸张制造产业、包装制造业、电子电器业等。

市政府负责当地废弃物处理与管理。在许多城市废弃物处理（包含运输、填埋、分解、焚烧等）已经交由当地的废弃物公司负责，但市政府依然必须设定生活废弃物费率以及制定废弃物处理系统的规划方案。市政府也可以根据当地情况，选择自行组织市政废弃物管理委员会和其他市政府达成协议共同筹组，或是和市议会共同合作成立废弃物管理委员会。废弃物管理委员会负责决定生活废

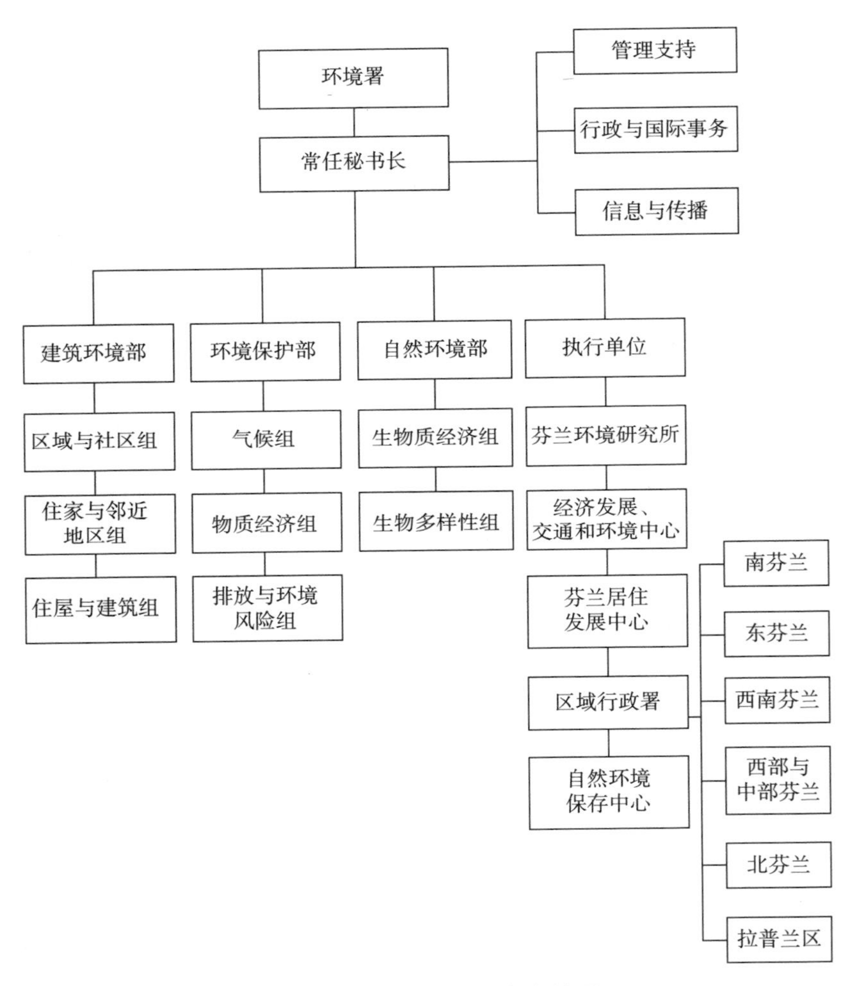

图 2-11　芬兰环境署职能架构图

资料来源：参考芬兰环境署架构绘制。

弃物的载运方式、明确管理规定、征收废弃物费、监控废弃物管理、制定废弃物管理方案。基于经济性考量，市政府可以和周围城市共同合作筹组区域废弃物管理公司。在此情形下，多个市政府必须设立共同监管单位，协助负责主管机关责任。

2.4.2.2 芬兰的科研单位积极合作支持政府的废弃物管理方针

芬兰环境研究所（SYKE）作为中央政府环境政策支持机构，协助政府进行相关政策研究与评估。目前，SYKE 正执行欧盟 LIFE 为期 7 年的项目“芬兰废弃物管理与循环经济”（CIRCWASTE），促进物质流的有效利用、废弃物预防与再生利用，推动区域合作，SYKE 通过引进全新的废弃物与资源管理概念，致力于在 5 个特定地区优先实施新的国家废弃物管理方案，通过合作小组将区域内的利益相关方聚集起来制定路线图，以减少废弃物，达成资源循环利用的目标。

在芬兰政府各部会的支持下，2016 年，芬兰创新基金（Sitra）在进行专家访谈、圆桌会议等多项调研之后，汇整超过 50 个机构的意见，提出了芬兰 2025 年的《无废与循环经济路线图》。通过科研单位与政府的紧密合作，芬兰确立了符合未来发展的废弃物管理制度，并试图引领世界往循环转型方向迈进。

在市镇层级，和前述两个国家相同，芬兰也设立了由各区域废弃物管理委员会以及各城市负责废弃物管理的厂商所组成的芬兰废弃物协会（KIVO）。KIVO 代表当地意见，在政府制定政策时进行游说，同时也在欧盟场域代表芬兰市镇废弃物处理系统进行发声。

2.4.3 政策顶层设计

遵照欧盟规定，芬兰会定期提出国家废弃物管理方案。将2008年的版本与2018年的版本对比可以清楚发现，芬兰并不认为回收型社会仍然不是废弃物管理与可持续发展的终点，最终目标应该是循环经济。

2008年，由环境署主导、SYKE协助制定的《2008—2016年国家废弃物方案：朝回收社会迈进》，曾提出以下目标。

- 生活垃圾：在21世纪初期废弃物产生量保持稳定（每年为230万～250万t），自2016年开始逆转下降；至少50%的废弃物可进行材料回收，至少30%可贡献能源再生之用；截至2016年，只有20%的生活废弃物会进入填埋场进行最终处置。
- 农业废弃物：有至少10%的动物排泄物进行沼气加工产生能源。
- 建筑废弃物：有至少5%的天然沙砾和碎石将以再生材料代替。

为了达成以上目标，芬兰环境署提出八大工作方向，每项工作方向另有细则，并指定相对应的部门、研究单位等应担负的责任。八大工作方向包括提高材料使用效率以预防废弃物的生成、加强废弃物回收、从废弃物管理角度来管理有害物质、降低废弃物管理对气候变化的不良影响、减少废弃物管理对人类健康和环境的影响、厘清废弃物管理组织与权责划分、强化废弃物管理专业人员的知识与能力、确保跨境废弃物运输的安全。

事实上芬兰的废弃物产生量并没有遵照方案规划而下降，除了2009—2010年，因为经济衰退而间接导致城市垃圾减少外，2008—2016年，芬兰的生活垃圾废弃物量稳定维持在每年270万～280万t。虽然在特定品项上，再回收与利用率有着显著增长，例如大型家用电子电器，但就整体而言，芬兰意识到前次制定的废弃物方案并不足以减少废弃物产量，更甚者有些政策并没有实际执行。

2018年，芬兰由环境署、经济与就业署、社会事务与健康署、农业与森林署等合作，以及其他各级政府与科研单位支持，出台了《2018—2023年国家废弃物方案：从回收向循环经济迈进》，明确提出七大工作原则：高标准的废弃物管理是可持续循环经济不可或缺的一部分、以高效率的生产与消费方式减少气候变化威胁与保存自然资源、持续减少废弃物产生量并且加强重复使用与回收、确保回收市场运作顺利并通过重复使用和回收增加新的就业机会、通过回收使有价值的原材料能够再生利用、减少有害物质的使用、废弃物管理领域由高质量研究和高端实验持续进行。也持续提出量化目标：建筑废弃物再生利用率达70%、餐厨废弃物在2030年之前减少50%、城市生活废弃物减少60%的生物质与餐厨废弃物、回收55%的城市生活固体废物。以上目标均和欧盟的目标保持一致，并无明显高于欧盟的要求。

2.4.4 实践案例——芬兰·图库：无废、循环经济、气候中和行动相互协同

2.4.4.1 政策议程

图库市在2018年提出面向2029年的城市战略。2029年，这座芬兰最古老的城市将迎来800岁的生日。该战略明确指出，到2029年，该城市将成为碳中和（carbon-neutral）城市，并且在2040年之前实施三大措施：零排放（zero emissions），无废（zero waste）和可持续、有效率的使用自然资源。

图库市位于芬兰西南区，一直以来是该区从事区域合作的领头角色。芬兰西南区域行政署于2019年5月提出“从回收到循环经济路线图——芬兰西南部”方案，由区域内行业协会、科研单位、政府官员代表、废弃物管理处理公司等组成的区域合作小组共同完成，识别3个重点项目与领域采取行动，进一步使无废、循环经济、资源效率、气候中和行动相互协同。

- 建筑领域：调整法规，促进建筑材料的再制或再利用、从设计阶段开始减少废弃物产生、普遍使用再生材料，并制定4个主要目标。
  - 减少建筑垃圾；
  - 建筑材料的再制或再利用率达70%；
  - 加强回收建筑材料的风险管理；
  - 提高建筑废弃物与拆迁废弃物统计的准确性。
- 有机废弃物与营养物质闭环：充分再利用污水污泥、加强

农业养分循环、减少餐厨废弃物、使用餐厨废弃物生产的沼气，并制定两个主要目标。

○ 到 2030 年，餐厨废弃物减少 50%；

○ 生活垃圾中的有机废弃物回收率达到 60%。

- 生活垃圾：回收率达到国家目标水平、拓宽纺织品与衣物的回收与再利用途径，并制定 3 个主要目标。

○ 城市废弃物增长率与经济增长率脱钩；

○ 生活垃圾回收率达 55%；

○ 增加废弃包装的回收率。

该方案提出监测指标，以量化数据定期检视推行无废、零排放城市与区域发展的情况。此外，该城市也与地方可持续发展协会进行合作，协助制定该城市的资源效率使用路线图，通过高效使用资源，实现未来零排放、无废与循环经济。

2.4.4.2 实践行动——利用循环园区研发创新的无废低碳解决方案

从图库市中心往东北方向驾车 10 min，映入眼帘的是图库市第一个循环经济创新园区 Topinpuiston。园区内有 3 家废弃物处理公司、2 家生物质能发电厂、1 家污泥处理厂，同时吸引大学、化学品公司、园林绿化材料厂进驻，总计从超过 60 家公司或社区接收废弃物。专家们积极地替这些废弃物与材料寻求新的应用与回收再制解决方案。

在图库地区每年有超过 3 000 万 m^3 的污水通过污水处理厂，

去除磷和氮等营养盐，产生污泥与经处理过的洁净水。处理过后的水排入波罗的海，而污泥则成了沼气厂 Gasum 位于 Topinpuiston 园区内的生产原料。Gasum 和 Kakolanmäki 污水处理厂合作，每日将图库地区 30 万居民的冲厕与淋浴废水进行处理，使含有营养盐与能量的污泥和废水分离，经离心机干燥后，用卡车将污泥运往 Gasum（图 2-12）。卡车以沼气作为主要燃料，而这些沼气的来源正是卡车所载运的污泥。污泥进入 Gasum 后，被加工处理最后生成液化沼气。这些液化沼气是图库市卡车、市区巴士和轮船的燃料来源。除此之外，沼气厂的废水由另一家化学工厂 Algol 再加工形成氨水，加工过程的干燥物质被用来生产农业肥料。

在居民生活垃圾当中，最大的难题就是纺织品废弃物。旧衣、地毯、袜子等通常是由多种类纤维构成，包含棉花、聚酯纤维和混纺，并且在丢弃时清洗标签都已消失不见，增加回收与重复利用的困难度。位于 Topinpuiston 园区的芬兰西南废弃物管理公司正准备采用专利红外线识别技术，通过光谱数据分析混合纺织品，将高质量的纤维与较低质量的纤维进行区分，高质量的纤维可用于纱线和新衣的再制。各级政府在这个过程中扮演着关键资金支持及推动的角色：中央政府提供创业研发基金、区域政府与主管单位提供协会网络知识支持、市政府在 Topinpuiston 园区内提供与媒体合作用地。

图 2-12　芬兰图库市的 Gasum 污泥沼气厂

资料来源：https: //www.topinpuisto.nfi.

2.5 日本

2.5.1 法律框架

与欧盟法律框架（以一部法律规范废弃物与再生资源）不同，目前日本以两部法律分别管理废弃物和再生资源，因此，何时适用相应的法律是执行废弃物管理时需要考量的问题。

2.5.1.1 日本在母法之外另有废弃物清除处理与资源再生促进分项专法

日本以《循环型社会形成推进基本法》作为推行循环型社会的主要基础，希望摆脱“大规模生产、大规模消费、大规模丢弃”的线性模式，转向从商品的生产、分配、销售、消费和最终处置都能有效循环利用的模式，目标是建立一个无废的循环型社会。

《循环型社会形成推进基本法》要求政府与利益相关者必须采取行动来预防商品变成废弃物（表 2-6），以减少废弃物的产生，并且要循环利用资源，适当处置最终废弃物，尽可能减少废弃物对环境产生的负担。与欧盟和欧洲国家相同，这部指导性法律也提出固体废物处理金字塔，提倡对不再需要的商品的处理方式必须遵循重复使用、回收、能源再生，当前面几项措施都无法处理时，才将商品进行最终处置。

表 2-6　日本《循环型社会形成推进基本法》分章内容

章名	节名
第一章　概述总则	第一节　目的
	第二节　定义
	第三节　形成循环型社会
	第四节　适当分工
	第五节　预防材料成为废弃物
	第六节　循环使用和回收资源
	第七节　循环使用和回收资源基本原则
	第八节　合作措施
	第九节　国家责任
	第十节　地方政府责任
	第十一节　运营商责任
	第十二节　公众责任
	第十三节　法律措施
	第十四节　年度报告

续表

章名	节名
第二章　促进循环型社会的基本计划	第十五节　制订《循环型社会形成推进基本计划》
	第十六节　《循环型社会形成推进基本计划》与《国家环境基本计划》
第三章　创建循环型社会基本措施	第十七节　防止物质成为废弃物
	第十八节　回收利用资源
	第十九节　推广促进使用再生产品
	第二十节　促进对产品与容器的预先评估
	第二十一节　防止回收与再生利用时产生环境问题
	第二十二节　消除环境保护障碍
	第二十三节　经济诱因
	第二十四节　公共设施开发与建设
	第二十五节　确保地方政府制定适当措施
	第二十六节　地方政府财政措施
	第二十七节　形成循环型社会的教育
	第二十八节　促进私营机构自愿行动
	第二十九节　调查与实施
	第三十节　促进科学研究
	第三十一节　国际合作措施
	第三十二节　地方政府措施

资料来源:《循环型社会形成推进基本法》。

由于《循环型社会形成推进基本法》属于指导性原则，在此框架之下，日本另外出台了两部法律——《资源有效利用促进法》和《废弃物处理法》，这两部法律分别规范了再生资源和废弃物的管理细节。

《资源有效利用促进法》的主旨是抑制废弃物及副产品[1]的产生，促进物品与零部件的再生使用。日本经济产业省对指定特定业种（包含造纸业、化学工业、钢铁业、制铜业等）实施抑制副产品行动，指定特定再利用业种（包含造纸业、管件制造业、玻璃容器制造业、复印机制造业、建筑业等）使用再循环资源或回收部件。经济产业省同时指定资源节约产品、促进再利用产品、再资源化产品类别，要求以上这些特定产品必须分别符合节省资源且寿命长的设计、易再循环利用的设计，由生产者进行回收再循环。

《废弃物处理法》则规范一般废弃物、工业废弃物、特别管理废弃物的收集、处理相关规范与罚则，市政当局有责任负责制定管辖范围的固体废物处理方案，同时必须保持与邻近市在废弃物处理方面的合作与协调。该法案也明确规范废弃物处理设施的许可、维修等负责单位。在工业废弃物部分，则是明确工厂经营者必须自行处理工业废弃物，受委托的工业废弃物运输者必须将废弃物信息以电子信息的形式上传至信息处理中心，以确保主管机关清楚掌握废弃物的流向。

除此之外，日本针对以下关键产业、物品制定专项回收利用法律：小型家电、包装容器（塑料瓶、塑料容器、纸制容器）、大型家电（冰箱、冷气机、电视等）、汽车、建筑材料（木材、混凝土、沥青等）、食品（厨余废弃物、食物残渣等）。以此促进回收利用，减少废弃物的产生。日本废弃物管理法律框架见表 2-7。

---

[1] 此处副产品的定义与欧盟不同，此指因制造、加工、修理或销售产品、供应能源或与土木工程有关而产生的产品（不包括受放射性物质污染的产品）。

表 2-7　日本废弃物管理法律框架

促进关键产业回收利用（分项）	促进减量、回收、利用（原则）	废弃物处理（原则）	基本框架（基础）
小型家电回收利用法	《资源有效利用促进法》	《废弃物处理法》	《循环型社会形成推进基本法》
包装容器回收利用法			
大型家电回收利用法			
汽车回收利用法			
建筑材料回收利用法			
食品回收利用法			

2.5.1.2 日本将废弃物产生源作为主要分类规范

与欧盟的综合废弃物来源和废弃物特性的编码方式不同，日本对废弃物分类的依据采取排除原则（表 2-8）。首先列出 20 项工业制造活动所产生的废弃物，其次针对具有危险、有害的工业废弃物进行管理；除了这两类之外，其他废弃物都属于一般废弃物。而在一般废弃物中，再根据废弃物产生源分为事业一般废弃物与家庭一般废弃物；一般废弃物中具有危害性者，则视为特别管理一般废弃物。

表 2-8 日本废弃物分类

废弃物产生者	分类	内容	
事业、工业	20 项工业废弃物	所有工业活动	01 残渣灰烬
			02 污泥
			03 废油
			04 废酸
			05 废碱
			06 废塑料
			07 橡胶废物
			08 废金属
			09 玻璃废料、陶瓷废料
			10 废矿物
			11 废瓦砾
			12 烟尘、粉尘

续表

废弃物产生者	分类	内容	
事业、工业	20 项工业废弃物	特定工业活动	13　废纸张
			14　废木料
			15　废纤维
			16　动植物残余物
			17　动植物固体废料
			18　动物液体排泄物
			19　动物尸体
			20　因处理上述废弃物产生的废弃物
	特别管理工业废弃物（危险废物）	非特定有害产业废弃物	废油
			废酸、废碱
			感染性产业废弃物
		特定有害产业废弃物	废 PCB
			PCB 污染物
			PCB 处理物
			废水银
			废石棉
			有害产业废弃物
	一般废弃物	—	—
家庭、事业	一般废弃物	—	—

续表

废弃物产生者	分类	内容	
事业、工业、家庭	特别管理一般废弃物（危险废物）	—	含 PCB 物品（如废电子电器）
			含水银物品（如废灯管）
			烟尘、粉尘（如废弃物处理设施所产生的粉尘）
			污泥（如来自焚烧炉的废物含有二噁英）
			感染性一般废弃物

2.5.2 部门分工

2.5.2.1 日本由中央政府与都道府县政府共同分工管理

日本的废弃物管理，由环境省辖下的“废弃物与再生利用对策部”全权负责管理废弃物处置、循环型社会建设、回收再生、废弃物输出 / 输入等工作（图 2-13）；环境省辖下的“综合环境政策统筹部”则负责制订基本环境计划、政策，推动建立地域循环共生圈、促进再生企业与环境经济发展。

为了使废弃物管理与治理能根据各地区情况，灵活反馈、提高机动性，环境省另外设置 8 个地方环境事务所，针对自然环境保护及废弃物非法倾倒、废弃物回收、化学物质污染处置等具有区域性特点的业务进行特别管理。以北海道为例，北海道地方环境事务所的环境对策部门负责对废弃物和回收措施进行政策制定与推广，并与北海道政府的环境生活部、札幌市环境局等各级部门保持良好合作与沟通。

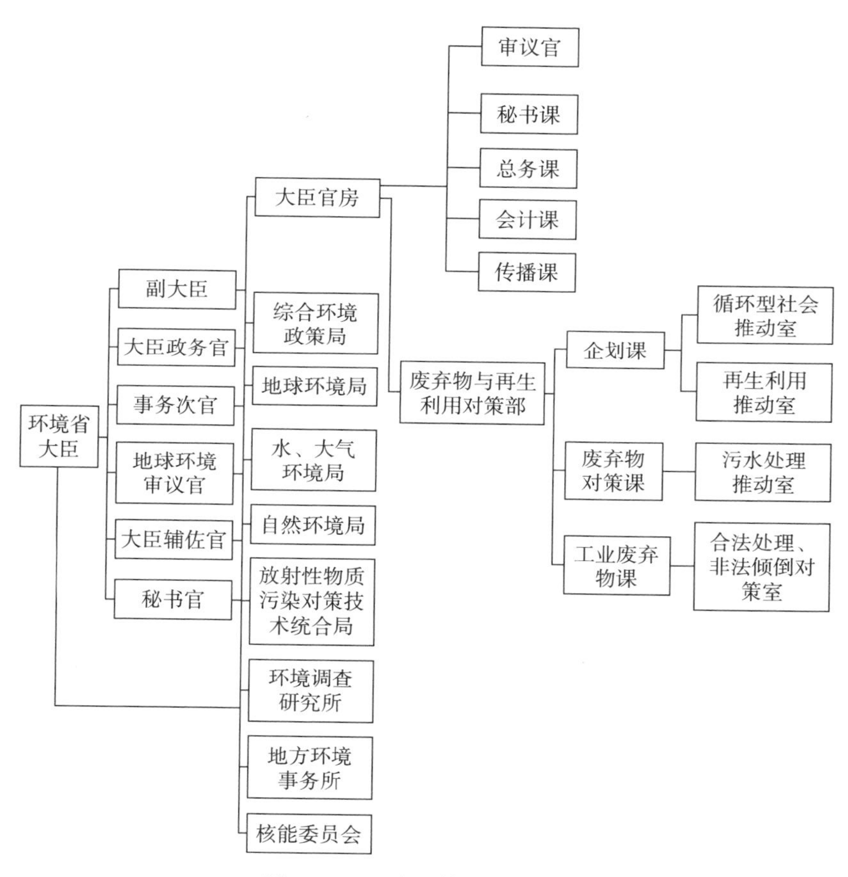

图 2-13　日本环境省职能架构

资料来源：参考日本环境省架构绘制。

各都、道、府、县有权在《循环型社会形成推进基本法》相关法令框架下，自行制定废弃物处理指导纲要、再生减量等实施细则及条例、再利用产品的认定规则、针对工业废弃物征收特别税费条例、废弃物处理费用征收等。以北海道为例，2008 年出台的《北海道循环型社会形成推进条例》，明确北海道政府、企业、民众等不同群体的责任。为推动北海道建设成为循环型社会，该条例也提出多项原则，包含再生品认定、促进循环型社会的相关企业发展、政府应在必要时提供财政支持措施等。

各都、道、府、县政府的机关设置各不相同，但多以环境相关部门进行废弃物的综合管理。以北海道为例，政府设有“环境生活部”，其辖下的“环境局”负责制定关于废弃物预防、促进回收的各类政策，“环境局”辖下的“再生资源社会促进科”主要负责工业废弃物管理、城市生活废弃物管理、北海道循环资源利用促进税的相关业务、废车辆回收等（图 2-14）。

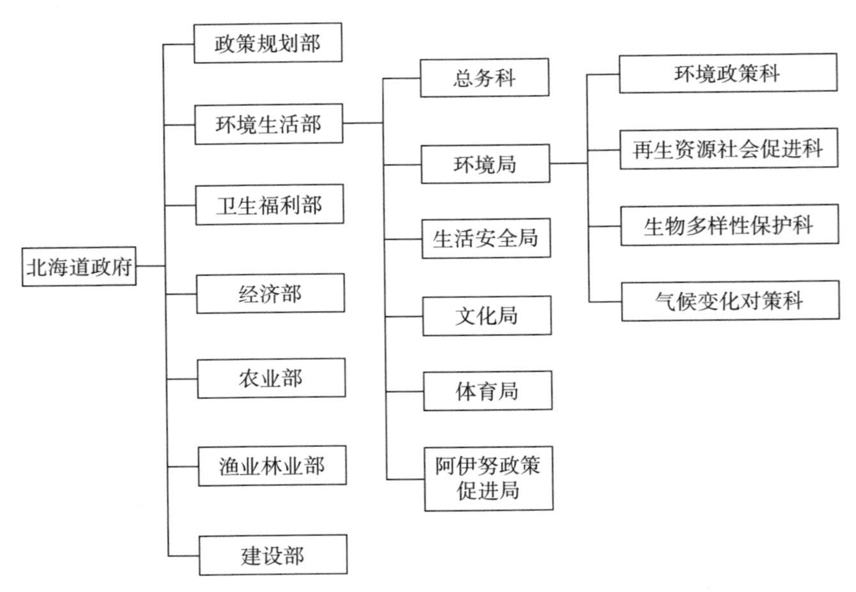

图 2-14　日本北海道环境生活部职能架构

资料来源：参考日本北海道环境生活部架构绘制。

2.5.2.2 日本政府和多种社团法人共同合作治理废弃物

日本环境省和许多独立行政法人单位合作，此类单位可提供知识技术支撑，或可提供管理特定基金。例如国立环境研究所设有资源回收与废弃物研究中心，为环境省提供关于建设循环型社会的基础研究，开发资源循环与材料管理的基础技术和理论模型，综合政策学、环境经济学、环境化学、材料科学等不同学科进行国家级研究，制定资源循环利用系统框架，提供政策建议。独立行政法人环境再生保全机构则负责管理 PCB 废弃物处理基金和最终处置场基金。环境省也通过委托服务的方式，与多个一般财团法人在废弃物管理方面进行合作。例如日本环境卫生中心在 2011 年支援环境省进行循环型社会形成推进研究、区域最终处置场调查、废弃物处理设备厂的技术支援、废弃物处理事业调查等业务。

都、道、府、县政府则密切与相关产业协会以及社团法人机构合作，通过这些单位执行对从业者的教育训练，或是通过这些机构的会员代表对相关从业人员进行政策游说，提供与政策决策者不同观点。以北海道为例，北海道产业资源循环协会、北海道环境保全协会、北海道环境整备事业协同组合等机构，拥有来自中间处理企业、最终处理企业、建筑废弃物处理企业、收集运输企业等领域的会员代表，已经成为北海道政府与辖内市政府推行废弃物相关政策时，不可或缺的重要咨询机构。

在市、町、村层级，政府会邀请专家或市民组成委员会，以听取不同意见，综合各方意见后制定良好的废弃物管理机制。以位于北海道的札幌市为例，由大学教授、非营利组织代表、消费者协会代表、市民代表、环境省地方环境事务所代表等组成的札幌市废弃物减量推进审议委员会定期召开会议，探讨促进札幌市废弃物减量的最佳解决方案，并提交政策建议与报告书给市政府环境局。

在国际领域，2019 年 6 月结束的二十国集团可持续增长能源转型与全球部长级会议上，由日本牵头出台，其他成员国共同执行的《海洋塑料垃圾实施框架》要求，强化共同实践，彰显各国对环境无害的废弃物管理决心，加强对海洋塑料的回收管理力度。

小结

研究发现，所分析的国家均将生活废弃物的管理交由市级政府负责，但在国家层级或二级政府层级都定期制定废弃物管理方案，掌握过往废弃物产生量与最终处置量、处置方式、再生利用量等，并且预估未来的废弃物产生量，拟定下一步目标与行动方案，在未来施政过程中以此管理方案为依据。这些国家也实施滚动管理制，定期检视目标达成率，公开信息，诚实面对问题，进而修正方案。此管理方式非常值得中国学习与借鉴。

2.5.3 政策顶层设计

日本以《循环型社会形成推进基本计划》作为废弃物处理中长期政策方向的主要原则。2018 年第四次修订的《循环型社会形成推进基本计划》，提出日本未来的发展愿景：让民众采用可持续的方式使用资源，让经济社会所产生的环境负荷能在地球可承受的限度内得到控制，每个人都可以享有健康安全的生活，生态环境系统得到保障。

在此愿景之下，日本提出六大工作方向，包括通过区域振兴形成多样化的区域循环经济共生圈、促进环境恢复与环境再生、建立适当的国际资源循环体系与回收产业并向海外推进、使产品在全生命周期内尽量彻底循环、建构灾害废弃物处理体系、资源循环领域基础科研与基础设施得到改善。

对应愿景与工作方向，该计划提出至2025年要达到的七大类量化目标：循环型社会整体指标、可持续社会综合指标、形成多样化的地域循环经济共生圈、产品全生命周期循环、促进适当处置与环境再生、灾害废弃物处理体系、科研与基础设施发展。各指标下另有细分目标，包括生活废弃物循环利用率、产业废弃物产生量、生活废弃物最终处置等，见表2-9。

表2-9　日本循环型社会量化目标

指标分类	子项指标	量化目标
循环型社会整体指标	资源生产率	49万日元/t
	投入侧循环利用率	18%
	产出侧循环利用率	47%
	最终处置量	1 300万t
可持续社会综合指标	产业别资源生产率	—
	循环型社会市场规模	与2000年相比增长2倍
	家庭食物废弃	与2000年相比减少50%（目标年2030年）
	营业单位食品废弃	参照《食品回收法》
	废弃物部门温室气体排放量	—
	废弃物发电对其他部门温室气体排放量减量的效果	—

续表

指标分类	子项指标	量化目标
可持续社会综合指标	废弃物焚烧发电效率	21% （目标年 2022 年）
	国内生物质资源投入率	—
	森林面积	—
形成多样化的地域循环经济共生圈	每人每天废弃物产生量	850 g/（人·d）
	每人每天生活废弃物产生量	440 g/（人·d）
	工业废弃物产生量	1 100 万 t
	推动区域循环经济共生圈的地方团体数量	—
产品全生命周期循环	人均主要资源消耗量	—
	产出循环利用率	47%
	重复使用市场规模	—
	共享市场规模	—
	产品评估指南发展进展	—
	资源投入侧循环利用率（废塑料、生物质类、金属类、非金属矿物类）	—
	废弃物产出侧循环利用率（废塑料、生物质类、金属类、非金属矿物类）	—
	废弃物最终处置量（废塑料、生物质类、金属类、非金属矿物类）	—
	餐厨废弃物循环资源再生利用率	制造业 95%、批发业 70%、小型制造业 55%、餐厅 50% （目标年 2019 年）

续表

指标分类	子项指标	量化目标
产品全生命周期循环	家庭食物废弃量	与 2000 年相比减少 50%（目标年 2030 年）
	营业单位食物废弃量	—
	个别项目实施计划制定率	100%（目标年 2020 年）
促进适当处置与环境再生	非法倾倒量	—
	非法倾倒发生件数	—
	电子信息设置普及率	70%（目标年 2022 年）
	一般废弃物填埋场剩余寿命	2017 水准（目标年 2022 年）
灾害废弃物处理体系	灾害废弃物处理方案制定率	都、道、府、县：100%；市、町、村：60%
	资源循环国际环境合作备忘录签署数量	—
	循环再生产业海外扩张企业数量	—
科研与基础设施发展	电子信息设置普及率	70%（目标年 2022 年）
	资源循环与再生领域的科研经费与课题数量	—
	废弃物减量、循环利用意识	90%
	具体“3R”行动实施率	与 2012 年相比上升 20%

资料来源：第四次修订的《循环型社会形成推进基本计划》。

日本的环境政策以《环境基本计划》为主要指导政策方针，在2018年出台了《第五次环境基本计划》，提出六大重点战略，其中多项与废弃物管理相关，包括“高效率使用当地资源，开展可持续社区发展”战略下的子项目“再利用、再循环当地资源与材料”，以及“实践健康生活”战略下的子项目“减少食物废弃、妥善处理废弃食物”。

《第五次环境基本计划》的亮点在于环境省提出的“地域循环共生圈”概念，即未来日本的城市与农村均能善用当地的自然资源、物质材料、人才、资金等，使日本各地均会形成自立且分散型的社区，通过自然生态与社会经济活动，将都市与农村连接起来。这个概念体现了尽可能将资源材料、产品在最靠近生产地或最终消费地进行再利用、重复使用，善用在地资源的理念。

日本过去几次的环境基本计划中，已经提出要建立“循环型社会”“自然共生型社会”“低碳社会”，主张通过建设并整合这3个社会模式，达成可持续发展目标。在《第五次环境基本计划》中，进一步提出综合性更强的“地域循环共生圈”（图2-15）理念，借由整合各方面措施，实现区域发展振兴的目标，关键是利用当地资源，并且促进当地自然资源（生态系统服务）与材料的循环性，创造经济和社会效益。

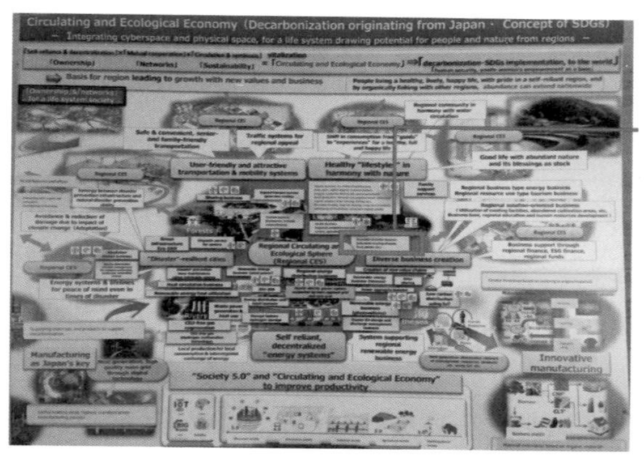

图 2-15　日本“地域循环共生圈”概念示意

资料来源：摄自日本环境省第十届可持续发展城市高端研讨会。

环境省也鼓励地方政府跨越现有的行政区域划分，共同制订综合的区域废弃物管理、回收、再利用计划，思考如何以最佳规模利用目前尚未被使用的可再生资源与废弃物，环境省预期实践此概念将可为各地方及区域带来就业机会与新经济振兴。

小结

无论是欧盟各国还是日本，都已将废弃物管理作为发展循环经济、循环社会的重要一环，不再将废弃物管理的目标放在减少废弃物对环境的危害，而是以“管理资源”的概念来看待废弃物及其管理。为推动循环经济、循环社会发展的各项措施，体现出有效并重复使用现有资源与物质材料，也是推动“无废城市”与无废社会的路径。

2.5.4 实践案例——日本 · 长野县：从废弃物减量开始的循环型社会

2.5.4.1 政策议程

长野县在 2018 年更新具有指导性的上位计划《第四次长野县环境基本计划》，以联合国的“可持续发展目标”作为最高施政原则，分别提出建设低碳社会、保护生物多样性、保护水域环境质量、维持空气质量和建成循环型社会的五大工作板块及政策。

在“建设循环型社会”工作板块当中，持续推动并强化民众的环境意识以减少每人每天的废弃物产生量，是长野县未来 5 年的主要方向。特别是面对大量生产、大量消费、大量废弃的经济活动，长野县主张尽全力推动可持续的生产与消费行动。除此之外，在该计划当中，长野县强调将餐厨废弃物就地转化为资源，让食物、食品废弃物，以及由废弃物转化而成的资源都能在区域内进行流通与活用，形成日本环境省所提倡的“地域循环圈”。该计划提出，“建设循环型社会”与其他工作板块间有着跨领域关系，因此特别强调跨板块之间的工作必须具有一致性与互补性。例如在建设低碳社会项目中，也应进行废弃物管理的相关工作，以减少温室气体排放。

长野县自 2014 年起，已经连续 4 年获得“全国都、道、府、县每人每天产生一般生活废弃物量最低”的荣誉，从 2014 年每人每天产生一般生活废弃物 838 g，一路降至 2018 年的 817 g。然而，长野县并不满足于此，在《第四次长野县环境基本计划》中，设定在 2020 年以前要达到以下目标：

- 每人每天产生一般生活废弃物量达到 795 g；
- 工业及事业废弃物总产生量为 435 万 t；
- 废弃物再生利用与回收率[1]达 24.3%。

值得一提的是，长野县在制定政策过程中，强调减量和重复使用的重要性。长野县政府认为，减量和重复使用的优先顺位高于回收。要建成循环型社会，关键点在于建立一个以减量、重复使用为主的社会系统，这样才能减少对环境的负面影响。至于再生回收，则是减量与重复使用都无法执行时的最后选项。

长野县政府，企业，市、町、村级政府积极采取行动，实现《第四次长野县环境基本计划》所设立的废弃物减量目标，发起多项持续性行动，例如“吃完再走 30/10”“挑战 800 减量”等。

“吃完再走 30/10”活动自 2016 年开始举办，提倡尽量减少在大型会议场留下剩余的食物，鼓励民众在会议开始后的 30 min 及会议结束前的 10 min，先留在座位上享受美味佳肴，吃饱喝足之后再开始走动交际寒暄。该行动建议会议主持人在会议开始时，说明“吃完再走 30/10”的活动理念，并且鼓励来宾在会议开始后的 30 min 不要走动，留在座位上用餐；而在会议结束前的 10 min，主持人则再次鼓励来宾回到座位，在离开会场之前，把桌上的食物吃完。因为这个行动完全切合日本文化中的“不浪费”概念，因此从长野县的松本市开始推行之后，迅速扩展到长野县内的其他城

[1] 废弃物再生利用与回收率 = [（私营废弃物再生处理机构收受量 + 公营回收再生物收集量 + 公营一般生活废弃物收受后经中间处理后再生物数量）/ 所有废弃物收受处理量] × 100%。

市，包含上田市、盐尻市、诹访市、安昙野市等，甚至扩及长野县之外，目前在大阪市、函馆市、新潟县也有相同的活动正在推行中。

“挑战 800 减量”活动响应《第四次长野县环境基本计划》中“每人每天产生一般生活废弃物量达到 795 g”的目标（图 2-16），长野县政府与各市、町、村的地方发展战略局合作，设立“挑战 800 减量”执行小组，根据当地的情况推行生活垃圾减量行动。值得注意的是，长野县在倡导宣传的辞令上，舍弃复杂且艰涩的环境专业词语，选择用民众容易理解、号召力强的语句，并且让民众直接感受到行为改变所带来的成就感。例如，在 2016 年行动开始时，长野县号召“每个人只需要减少与 2 个番茄一样重的垃圾量”，因

图 2-16　日本长野县的“挑战 800 减量”宣导海报

资料来源：https: //www.shinshu-gomigen.net.

为宣传语显浅直白且容易执行，民众的参与度增高，使长野县当年继续蝉联“全国都、道、府、县每人每天产生一般生活废弃物量最低”的冠军。2017年，长野县调整宣导方式，鼓励民众“每个人只需要减少与一个番茄一样重的垃圾量”，也让居民感受到采取行动后带来的变化，使其更易产生成就感。

2.5.4.2 实践行动——向海洋塑料污染说“不”

日本是四周环海的国家，对于海洋塑料问题，从中央政府到地方政府都非常关注，并且认为这已经是全球性的问题。根据研究，有70%的沿海废弃物是来自河流；长野县是众多河流的发源地，这些河流顺流而下进入日本海与太平洋，假设未能在河川流经区域杜绝塑料废弃物，则海洋塑料问题会更加恶化。因此，长野县鼓励居民采取3项自觉行动。

- 选择：是否真的需要使用塑料袋、吸管？
- 转化：从一次性塑料产品慢慢改变到使用自备的环保容器。
- 分类：只有对塑料妥善地进行收集分类，才能增加回收再利用可能性。

除鼓励民众采取行动外（图2-17），长野县也联合企业、团体、学校共同发起减少塑料联名运动，共有315家企业、团体、机关参与，其中包含北陆可口可乐瓶装公司、AEON公司、鹤屋超市等著名企业。此外，长野县大力推动塑料替代品“可食用薄膜”的研发与商业化，长野县知事也运用其领导力，公开推荐并表扬从事塑料替代品研发的产业与公司。

图 2-17　日本长野县政府公务员在便利店前宣传减少塑料使用的理念

资料来源：https: //www.lawson.co.jp.

小结

政策是推动行动的重要因素，地方政府在城市战略中所提出的“宣言”“远景”，都代表了城市长期发展的方向，这些方向将成为企业未来布局的指南针。从荷兰、德国、芬兰与日本的案例中可以看出，无论是无废与循环经济之间的关系，还是废弃物减量目标等，都是地方政府提出的明确方向，让企业与民众向共同的目标一起努力。

在各城市的实践行动中，非常需要中央政府、地方政府、企业、民众同心协力打造“无废城市”与循环经济。只有政府采取行动是不够的，必须营造出一个社会各界都有意愿贡献一己之力的氛围，追求无废与循环的未来。关于政府如何营造出这样的社会氛围，除在学校内进行环境教育外，更重要的是以各种政策与行动支持向“无废城市”转型。

第三章　中国废弃物管理体系分析

本章侧重分析并梳理中国废弃物管理体系，这是建设“无废城市”的第一步。唯有面对问题，直陈痛点，诚实检视当前废弃物管理体系的优势与劣势，方能调整步伐，制定完善的配套措施，使中国的废弃物管理体系辅助“无废城市”的建设，让中国早日达成建成无废社会、无废国家的目标。

3.1　法律框架

中国固体废弃物管理的法律发展历程可分为 4 个时期：1974—1995 年准备阶段、1995—2004 年起步阶段、2005—2012 年发展时期、2013 年至今是产业化时期。固体废弃物管理的法律基础多是在第二阶段与第三阶段建立。其中，第二阶段主要开展固体废弃物管理法规、标准制定工作；第三阶段则是进行完善与修订，加强对危险废物经营单位的监督管理，规划并落实集中处置设施建设，加强专业行业管理机构建设，并开始解决历史遗留问题（如铬渣）；第四阶段新增的法律与规范则侧重督察执法层面。

中国的固体废弃物管理法律框架呈现 4 个层次的垂直式划分（表 3-1）。首先，以《中华人民共和国环境保护法》《中华人民共和国固体废物污染环境防治法》为最高指导，二者属于原则性、指导性的法律。其次，由于这两部具有原则性与指导性的法律存在对实际执行以及部委行使权力的说明不清晰、规定不明确的问题，因此由最高国家行政机关国务院制定有关废弃物管理的行政法规，进一步将部委权责具体化，使废弃物管理落实到实际执行层面上。再次，由国务院下辖的相关部委负责制定具体的部门规章以及与固体废物相关的国家标准。最后，由各级地方政府的有关部门参照部委制定的规范，提出符合当地情况的具体地方规章和地方标准。

表 3-1　中国废弃物管理法律框架（列举示意）

<table>
<tr><th colspan="3">颁布单位</th><th>法律、法规等文件</th></tr>
<tr><td>第一层次</td><td colspan="2">全国人民代表大会</td><td>《中华人民共和国环境保护法》
《中华人民共和国固体废物污染环境防治法》</td></tr>
<tr><td>第二层次</td><td colspan="2">国务院
（行政法规）</td><td>《废弃电器电子产品回收处理管理条例》
《报废机动车回收管理办法》
（列举示意）</td></tr>
<tr><td rowspan="4">第三层次</td><td rowspan="4">国务院
辖下部委
（列举示意）</td><td rowspan="2">住房和城乡建设部
（原建设部）</td><td>《城市生活垃圾管理办法》</td></tr>
<tr><td>《建筑废弃物再生工厂设计标准》
（GB 51322—2018）</td></tr>
<tr><td rowspan="2">生态环境部
（原环境保护部）</td><td>《废弃电器电子产品处理资格许可管理办法》</td></tr>
<tr><td>《危险废物鉴别标准　通则》
（GB 5085.7—2019）</td></tr>
</table>

续表

颁布单位		法律、法规等文件
第四层次	地方政府	《上海市生活垃圾管理条例》（地方性法规） 《北京市生活垃圾管理条例》（地方性法规） 《太原市建筑废弃物管理条例》（地方性法规） 《厦门市餐厨垃圾管理办法》（地方政府规章） （列举示意）

3.1.1 废弃物管理的指导性法律侧重污染防治

《中华人民共和国环境保护法》于 1989 年正式颁布，是中国第一部为保护和改善生活与生态环境、防治污染和其他公害、促进建设发展的法律，此法规定了保护与防治共同进行的行动方针，对环境监督管理制度的建设、法律责任的明确等问题做出了纲领性规定，也成为之后废弃物处理的立法基础。该法在 2014 年进行修订，加强政府监督管理责任。

最早于 1995 年颁布的《中华人民共和国固体废物污染环境防治法》是中国废弃物管理的基础法律。该法明确各级政府的职责、企业责任、废弃物收运的规范、申报登记制度等。随着技术的发展以及对可持续发展的追求，该法在 2004 年、2013 年、2015 年、2016 年和 2019 年经历多次修订。

根据《中华人民共和国固体废物污染环境防治法》征求意见稿

（表 3-2），拟新增内容包括要求市级人民政府的生态环境主管部门应当定期公开固体废物的产生量、处置状况等信息，县级以上生态环境主管部门有权对违法收集贮存危险废物的单位进行查封扣押；明确产生废弃物的机构需要缴纳环境保护税；要求国务院制定强制产品与包装物回收目录；农业农村主管部门负责组织建立农业固体废物回收利用体系，推进农业固体废物综合利用，禁止进口固体废物，明确县级以上政府制定工业固体废物污染环境防治工作规划；新增建立电器电子等产品的生产者责任延伸制度；要求地方各级政府统筹规划城乡生活垃圾分类，同时从国家层面推行生活垃圾分类制度，指定县级以上政府环境卫生行政主管机关负责开展建筑垃圾综合利用、餐厨垃圾综合利用，允许县级以上政府制定差别化的生活垃圾排放费制度。

表 3-2 《中华人民共和国固体废物污染环境防治法》征求意见稿修正重点

条款	修正内容
第三条	新增"利用固体废物不得污染环境、损害人体健康"
第五条	新增"固体废物的产生者对其产生的固体废物依法承担固体废物污染环境防治责任"
第十三条	新增"设区的市级人民政府生态环境主管部门应当定期按要求发布固体废物的种类、产生量、处置状况等信息，供公众免费查阅、下载。产生、利用、处置固体废物的企业，应当按照国家有关规定，及时公开固体废物产生、转移、利用、处置等信息，主动接受社会监督。上市公司应当公开固体废物污染环境防治信息。集中利用、处置固体废物的企业，应当按照国家有关规定，向社会公众开放，协助提高公众环境意识和参与程度"

续表

条款	修正内容
第二十条	新增“产生固体废物的单位，按照《中华人民共和国环境保护税法》规定缴纳环境保护税”
第二十一条	新增“强制回收的产品和包装物的名录及管理办法，由国务院经济综合宏观调控部门负责制定并组织实施”
第二十二条	新增“禁止生产、销售不易降解的薄膜覆盖物和商品包装物”
第二十三条	新增“各级人民政府农业农村主管部门负责组织建立农业固体废物回收利用体系，推进农业固体废物综合利用或无害化处置设施建设及正常运行，规范农业固体废物收集、贮存、利用、处置行为，防止污染环境”
第二十四条	新增“城镇污水集中处理设施的运营单位应当安全处理处置污泥，保证处理处置后的污泥符合国家有关标准，对污泥的去向、用途、用量等进行跟踪、记录，并向城镇排水主管部门、生态环境主管部门报告，任何单位和个人不得擅自倾倒、堆放、丢弃、遗撒污泥，禁止处理处置不达标的污泥进入耕地”
第三十七条	新增“国家实行工业固体废物排污许可制度”
第四十二条	新增“国家建立电器电子等产品的生产者责任延伸制度，鼓励生产者开展生态设计、建立回收体系，促进资源回收利用”
第四十九条	新增“国家推行生活垃圾分类制度，地方各级人民政府应做好分类投放、分类收集、分类运输、分类处理体系建设，采取符合本地实际的分类方式，配置相应的设施设备，促进可回收物充分利用，实现生活垃圾减量化、资源化和无害化”

虽然《中华人民共和国固体废物污染环境防治法》确立了我国的固体废物管理法律基础，也明确地方分权的机制，由地方政府负责当地的城乡生活垃圾收集、运输、处置设施建设，以及对城市生活垃圾进行清扫、收集、运输和处置，也提出全过程管理的概念，

根据固体废物的不同特性，分别在各个环节提出相应的标准，实行全过程控制。但是这其中对于废弃物重复使用、再生利用、预防产生的内容相对单薄，更侧重于废弃物无害化处理以及避免二次污染。

另一个值得注意的是，在《中华人民共和国固体废物污染环境防治法》征求意见稿中，虽然给出“固体废物”的定义，并且另外区分了“工业固体废物”“生活垃圾”“危险废物”“有害垃圾”“农业固体废物”等概念，但对于当前经济活动中所产生的“副产品”，以及在何种情形下的废弃物不再被视为“产品”或“副产品”等均无明确说明。

3.1.2　废弃物分类与申报

中国对废弃物分类与申报管理的重点在于避免危险废物对环境与人类产生危害，因此可以发现，危险废物的相关规定与标准要求非常详尽，但是对非危险废物品项的要求与管理则相对宽松，因此没有形成系统性的废弃物分类体系。

具有腐蚀性、毒性、易燃性、反应性或者感染性等一种或者几种危险特性的废弃物，或不排除具有危险特性、但可能对环境或者人体健康造成有害影响的废弃物，以及需要按照危险废物进行管理的废弃物均被列入《国家危险废物名录》。该名录当中的废弃物都具有 8 位数编码，依废弃物产生行业及其类别进行编码。未列入该名录，并且经国家规定的鉴别标准测定后不具危险性，且由工业行为产生的固体废物，则是一般工业固体废物。从表 3-3 可知，在现今的废弃物分类要求之下，只有 10 项工业固体废物需要申报，其余都归属为“其他废物”。这使得“其他废物”可能包括纺织工业所产生的动植物残余物、食品加工业所产生的动植物尸体、工业生产中产生的玻璃废料等各式各样的废弃物。

表 3-3　中国废弃物分类

废弃物产生者	类别	内容
企业、事业单位	危险废物	参照《国家危险废物名录》
	一般工业废弃物	01　冶炼废渣
		02　粉煤灰
		03　炉渣
		04　煤矸石
		05　尾矿
		06　脱硫石膏
		07　污泥
		08　放射性废物
		09　赤泥
		10　磷石膏
		11　其他废弃物
	生活垃圾	—
医疗单位	医疗废弃物	参照《医疗废物分类目录》
家庭	生活垃圾	—

3.1.3　以全过程管理的思维制定法律与标准

从《中华人民共和国固体废物污染环境防治法》修正意见稿中可以发现，我国依据废弃物类别（工业固体废物、生活垃圾、危险废物、有害垃圾、农业固体废物）对各类废物的产生、分类、收集、运输、处置设施的全过程建立了细节规范。

就工业固体废物而言，产生废弃物的厂商必须实行申报登记制度，并依照《一般工业固体废物贮存、处置场污染控制标准》（GB 18599—2001）设计一般工业固体废物贮存、处置、设计、运行管理、关闭与封场以及污染控制与检测等方面的内容。若厂商的废弃物贮存设施未达到相应标准时，根据《排污费征收使用管理条例》及《排污费征收标准管理办法》缴纳 6 类固体废物（冶炼渣、粉煤灰、炉渣、煤矸石、尾矿、其他渣）的排污费。

就生活垃圾而言，设有《城市市容和环境卫生管理条例》（对生活垃圾处理的各个环节进行具体规定）、《城市生活垃圾管理办法》（关于居民生活垃圾收集、转运和处理）、《城市生活垃圾处理及污染防治技术政策》（城市固体废物应用技术指导）、《关于推进城市污水、垃圾处理产业化发展的意见》（吸引私营和外资进入城市污水和垃圾处理行业）等。在最终处理层面，也制定了多项标准，包括《生活垃圾焚烧污染控制标准》（GB 18485—2014）、《生活垃圾焚烧厂运行监管标准》（CJJ 212—2015）、《生活垃圾填埋场污染控制标准》（GB 16889—2008）、《生活垃圾卫生填埋场运行监管标准》（CJJ/T 213—2016）、《生活垃圾堆肥处理技术规范》（CJJ 52—2014）等标准。

针对危险废物，以《危险废物经营许可证管理办法》为依据确立合格的废弃物处理厂商，以《危险废物转移联单管理办法》《危险废物污染防治技术政策》《危险废物规范化管理指标体系》《全国危险废物和医疗废物处置设施建设规划》等文件规范危险废物处理过程。另有《危险废物焚烧污染控制标准》（GB 18484—2020）对危险废物处理过程采取污染控制管理，《危险废物填埋污染控制标准》（GB 18598—2001）对危险废物填埋场建设、运作及管理提出要求等。

在农业固体废物的规范化管理中，针对秸秆的管理较为成熟，而对于废旧农膜、废农药包装等的管理则正处于起步阶段。主要文件包括农业农村部与生态环境部在2020年8月公布的《农药包装废弃物回收处理管理办法》，用于防治农药包装废弃物污染；农业农村部、工业和信息化部、生态环境部、市场监管总局在2020年7月公布的《农用薄膜管理办法》等。

3.1.4 循环经济的思维逐渐形成

我国于2009年开始施行《中华人民共和国循环经济促进法》，该法是一部为促进循环经济发展、提高资源利用效率、保护和改善环境、实现可持续发展制定的法律，其中第二条给出了减量化、再利用、资源化的解释，减量化是指在生产、流通和消费过程中减少资源消耗和废物产生，再利用是指将废物直接作为产品或者经修复、翻新、再制造后继续作为产品使用，或者将废物的全部或者部分作为其他产品的部件予以使用，资源化是指将废物直接作为原料进行利用对废物进行再生利用。

《中华人民共和国循环经济促进法》重视废物再生利用，也同样重视对资源的高效利用与节约使用，要求各级政府应在当地资源和环境承载能力范围内合理安排产业结构和经济规模。该法从资源与技术的角度，要求通过清洁的生产过程，制造清洁的产品，强调固体废物应在生产源头上进行削减，通过采取各种综合措施，减少对环境的污染和威胁，并努力避免二次污染。该法强调生产者责任延伸制度，规定生产者必须对其废弃的产品进行回收利用或处置，也鼓励通过经济刺激的制度，激励减少资源耗费、回收利用废弃物的行为。

小结

从中国废弃物管理体系可以看出，目前中国废弃物管理侧重点仍然是污染防治，即使近几年已经逐渐形成循环发展的思维，但从整体管理框架来说，在法律法规等文件层面显示出的还是“污染防治”与“再生利用”平行二分法的方式，尚未向“梯级式”思维靠拢。

3.2 机制安排

本节分析我国废弃物管理体系的机制安排。研究发现，当前的废弃物管理权责分散在住房和城乡建设部、生态环境部、商务部等部委，生态环境部以“污染防治”观点管理废弃物，而住房和城乡建设部则管理城市内的生活废弃物处理，国家发展和改革委员会负责能源资源节约和综合利用、循环经济政策规划等，这样的责任分布使得我国的废弃物管理架构略显杂乱。

3.2.1 治理模式多轨并进、分散管理

在中华人民共和国国务院职权划分当中，其下辖的生态环境部与住房和城乡建设部共同管理废弃物（表 3-4）。其中住房和城乡

建设部以建筑市场监管司负责建筑垃圾议题、以城市建设司负责生活垃圾与市容环境管理。生态环境部以固体废物与化学品司负责全国固体废物、化学品、重金属等污染防治的监督管理。由于废弃物管理还涉及资源回收、循环经济等方面，因此国家发展和改革委员会、工业和信息化部、商务部等部委也负责部分管理工作。

表 3-4　中国废弃物管理部委分工

主管部门	职责
生态环境部	对全国固体废物污染环境的防治工作实施统一监督管理 对全国进口固体废物环境管理工作实施统一监督管理 建立固体废物污染环境监测制度，制定监测规范，会同有关部门建立监测网络 制定国家固体废物污染环境防治技术标准（会同国务院有关行政主管部门） 编制危险废物集中处理设施、场所的建设规划（会同国务院经济综合宏观调控部门） 对工业固体废物对环境的污染作出界定，制定防治工业固体废物污染环境的技术政策，组织推广先进的防治工业固体废物污染环境的生产工艺和设备（会同国务院经济综合宏观调控部门和其他有关部门）
住房和城乡建设部	生活垃圾清扫、收集、贮存、运输和处置监督管理工作 负责全国城市建筑垃圾的管理工作
国家标准化管理委员会	批准、发布产品和包装物设计及相关标准
国务院其他有关部门	在各自职责范围内负责固体废物污染环境防治监督管理工作
国家发展和改革委员会、工业和信息化部、商务部	资源回收、节能减排、循环经济

自中央政府以下，由省、县级政府因应中央管理机构，由其下级机构管理相应工作（图 3-1）。就固体废物污染环境的防治工作来说，在县级以上的地方人民政府，则由生态环境局对行政区域内开展该项工作进行统一监督管理，并且定期发布固体废物的种类、产生量、处置状况等信息。

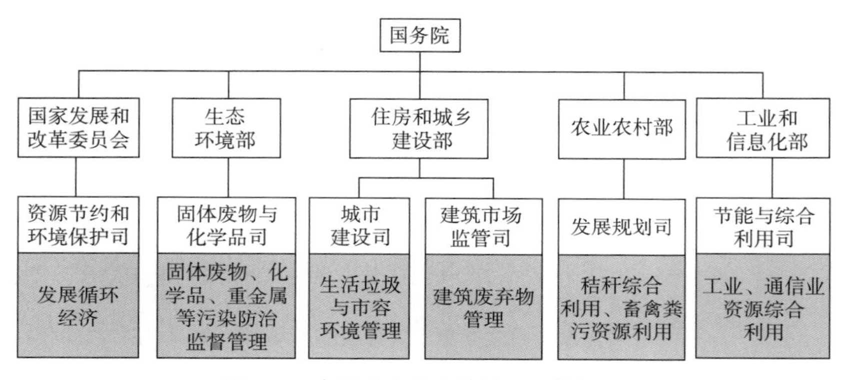

图 3-1　中国政府废弃物管理职能架构

中国将生活垃圾的管理权限与责任下放给县及以上地方人民政府，地方政府在具体法律要求与国家制定标准的范围内，有一定的自主性，可以制定分类收集的规章制度与实施细则，进行整体规划与管理，并提出各地方内不同区域的量化目标。各指标体系也都按照城市划分区域，进行成果排序与比较。

值得注意的是，在地方政府层级，生活垃圾清扫、收集、贮存、运输和处置的监督管理工作权责分散在各部门。以上海市为例（表 3-5），绿化和市容管理局、发展和改革委员会、房屋管理局、生态环境局、城市管理行政执法局等都负有相应的责任。此设计若运作得当，可以使各部门齐心协力为城市生活垃圾管理共同努力，然而若运作不当，各部门欠缺良好沟通协调机制，此设计将使权责分散，增加行政成本。

表 3-5　上海市废弃物管理部门分工

主管部门	职责
市人民政府	负责加强对本市生活垃圾管理工作的领导，建立生活垃圾管理工作综合协调机制，统筹协调生活垃圾管理工作
市绿化和市容局	负责组织、协调、指导和监督工作
市发展和改革委员会	负责制定促进生活垃圾源头减量、资源化利用以及无害化处置的政策，协调生产者责任延伸制度的落实，研究完善生活垃圾处理收费机制
市房屋管理局	负责督促物业公司等服务企业履行生活垃圾分类投放管理责任人义务
市生态环境部局	负责生活垃圾处理污染防治工作的指导和监督
市城市管理行政执法局	负责对查处违反生活垃圾分类管理规定的行为，并对其进行指导和监督
其他部门	协同
区级和乡镇人民政府	根据市政府的规定再进行相应的对接与分工

3.2.2　行业协会扮演重要角色

与废弃物再生利用、处理相关的行业协会在中国的废弃物治理模式当中扮演重要的角色。多个全国性的行业协会，包括中国再生资源回收利用协会、中国物资再生协会、中国废塑料协会等，除提供行业会员协助外，更肩负解读政策、为中央政府提供政策建议、起草行业规范、开展科研课题等重任，对中国的废弃物管理政策制定有着很大影响力。

行业协会也是掌握数据资料的单位。由于行业协会的会员是实际执行废弃物运输、处置、回收、再生利用等环节的企业，“自下而上”的数据比中央政府“自上而下”的统计测算更为准确。部分协会也定期公开数据或出版统计年报，作为政策研究参考与行业市场发展指标。

小结

我国废弃物管理的职能分工是多轨并进式的，虽然名义上是由生态环境部主管固体废物，但事实上各部委都只负责一部分的废弃物管理（包含废弃物的再生利用、回收、减量等），权责散落在不同部门，形成错综复杂的结构。

3.3 政策顶层设计

3.3.1 国家五年规划侧重工业固体废物

中国以五年规划作为主要的社会发展纲要，对国家建设项目、发展方向与远景目标。“十一五”规划（2006—2010 年）中提出资源利用效率显著提高的量化目标，要求工业固体废物综合利用率提高到 60%，同时也从社区发展的角度，提出重点发展社区服务业，包含修理服务和废旧物品回收等，另外也强调了加强资源综合利用，推进工业废弃物利用，加强生活垃圾和污泥的资源化利用，加强废弃物污染防治，到 2010 年城市生活垃圾无害化处理率不低于 60%。

“十二五”规划（2011—2015 年）中提出发展循环经济，以及

"减量化、再利用、资源化"的原则已经成为主流，持续在农业、工业、建筑、商贸服务等重点领域从源头和全过程控制污染物产生和排放，并且降低资源消耗，提高资源产出率 15%，要求工业固体废物综合利用率达到 72%，并且按照循环经济要求规划、建设和改造各类产业园区，推动废物交换利用，加快建设城市社区和乡村回收站点、分拣中心、集散市场的回收网络，完善餐厨废弃物等垃圾资源化利用与无害化处理。

过去两次的五年规划都提出量化指标，然而"十三五"规划（2016—2020 年）并未对指标进行量化。这次规划中，首度提及种养业废弃物资源化利用和无害化处理，持续强调实施循环发展引领计划，推进生产和生活系统循环链接，加快废弃物资源化利用，做好工业固体废物等大宗废弃物资源化利用，加快建设城市餐厨废弃物、建筑垃圾和废旧纺织品等资源化利用和无害化处理系统。实行生产者责任延伸制度。健全再生资源回收利用网络，加强生活垃圾分类回收与再生资源回收的衔接。在该规划当中，提出推动 75% 的国家级园区和 50% 的省级园区开展循环化改造、建设 50 个工业废弃物综合利用产业基地、在 100 个地级及以上城市布局资源循环利用示范基地。

3.3.2 环境保护五年规划强调资源循环利用，焦点转向城镇生活废弃物

由国务院同意，环境保护总局、国家发展和改革委员会制定的《国家环境保护"十一五"规划》，重申以"减量化、资源化、无害化"为原则，将防治固体废物污染作为维护人民健康、保障环境安

全和发展循环经济的重点领域。除要求加快实施危险废物和医疗废物处置设施建设规划外，该文件也侧重实施城市生活垃圾无害化处置设施建设规划，新增城市生活垃圾无害化处理能力为 24 万 t/d，提出城市生活垃圾无害化处理率不低于 60% 的量化目标。重点推进煤矸石、粉煤灰、冶金和化工废渣、尾矿等大宗工业固体废物的综合利用，要求到 2010 年，工业固体废物综合利用率达到 60%。

在《国家环境保护“十二五”规划》中，继续强调危险废物污染防治与全过程管理，促进危险废物利用和处置产业化、专业化和规模化发展。控制危险废物填埋量。取缔废弃铅酸蓄电池非法加工利用设施，并且加大工业固体废物污染防治力度，加强煤矸石、粉煤灰、工业副产石膏、冶炼和化工废渣等大宗工业固体废物的污染防治。

在量化目标上，预计到 2015 年，工业固体废物综合利用率达到 72%。提高生活垃圾处理水平，加快城镇生活垃圾处理设施建设，到 2015 年，全国城市生活垃圾无害化处理率达到 80%，所有县具有生活垃圾无害化处理能力。健全生活垃圾分类回收制度，完善分类回收、密闭运输、集中处理体系，加强设施运行监管。

《“十三五”生态环境保护规划》和前次五年规划最大的不同在于，此次规划强调推进城镇生活废弃物的处理与循环利用。鼓励推进城市低值废弃物集中处置，深化工业固体废物综合利用基地建设试点，建设产业固体废物综合利用和资源再生利用示范工程，规范完善废钢铁、废旧轮胎、废旧纺织品与服装、废塑料、废旧动力电池等综合利用行业管理。

《“十三五”生态环境保护规划》特别强调实现城镇垃圾处理全覆盖和处置设施的运行。侧重提高城市生活垃圾处理减量化、资源化和无害化水平，提出全国城市生活垃圾无害化处理率达到95%以上，90%以上村庄的生活垃圾得到有效治理的目标。同时更明确指出大中型城市应重点发展生活垃圾焚烧发电技术，鼓励区域共建共享焚烧处理设施，预期到2020年，垃圾焚烧处理率达到40%。同时要求以大中型城市为重点，建设生活垃圾分类示范城市（区）、生活垃圾存量治理示范项目，大中型城市建设餐厨垃圾处理设施。支持水泥窑协同处置城市生活垃圾。可以发现城市生活垃圾成为已成为生态环境部门的工作重点。除此之外，工业废弃物的量化目标也提高一个百分点，即到2020年，全国工业固体废物综合利用率提高到73%，秸秆综合利用率达85%。

3.3.3 相关指标：绿色发展指标、生态文明建设考核、循环经济发展指标、“无废城市”指标

从五年规划的内容来看，我国在事业废弃物管理方面的主要量化指标是工业固体废物综合利用率和秸秆综合利用率，而在生活垃圾方面的废弃物量化指标是无害化处理率。其中综合利用率的内涵是固体废物综合利用量占固体废物产生量的百分率，而固体废物综合利用量的内涵是经过回收、加工、循环、交换等方式，从固体废物中提取或者使其转化为可以利用的资源、能源和其他原材料的固体废物量，包含了回收与再生利用等各种类别的利用方式；此外，无害化处理率的内涵是垃圾无害化处理量与生活垃圾产生量比率，然而经过调查发现，中央政府对于何谓无害化处理却没有提出明确定义。

2016年，由国家发展和改革委员会、国家统计局、环境保护部共同出台了两个适用于各省、自治区、直辖市的考核指标，即绿色发展指标和生态文明建设考核目标。设置两项考核指标的目的在于完善地将社会当前的资源消耗、环境损害和生态效益的情况反映出来，并且能够有效地引导地方各级政府，指标属于综合性总体指标，对于工作推动有定锚效果。绿色发展指标每年开展一次统计，而每五年规划期结束后，则以生态文明建设考核目标综合检视工作开展情形与成果。

绿色发展指标是以权数方式综合计分，大类别包括以下几类：资源利用（权数29.3%）、环境治理（权数16.5%）、环境质量（权数19.3%）、生态保护（权数16.5%）、增长质量（权数9.2%）、绿色生活（权数9.2%）、公众满意程度（权数0%）。在“资源利用”类别下，有3个指标与废弃物管理最为相关，分别是资源产出率、一般工业固体废物综合利用率、农作物秸秆综合利用率（表3-6）。在“环境治理”类别下，有2个指标与废弃物管理最为相关，分别是生活垃圾无害化处理率和危险废物处置利用率。

生态文明建设考核目标是以分数表现方式计算，各大类别与子类别都有最高分数。考核目标包括五大类别：资源利用（总分30分）、生态环境保护（总分40分）、年度评价成果（总分20分）、公众满意程度（总分10分）、生态环境事件（扣分项）。在详细分析各大类别后，发现并没有与废弃物管理相关的子类别，然而，因为“年度评价成果”是以各地区年度绿色发展指标来评算，在绿色发展指标中排名最高的省、自治区、直辖市将得4分，依排名顺序递减 0.1 分；若某省（区、市）在绿色发展指标内与废弃物管理相关的指标有显著进步，则也会反映在生态文明建设考核目标当中。

表 3-6　绿色发展指标中与废弃物管理相关的指标

大类别	指　标
资源利用（权数 29.3%）	资源产出率（权数 1.83%）
	一般工业固体废物综合利用率（权数 0.92%）
	农作物秸秆综合利用率（权数 0.92%）
环境治理（权数 16.5%）	生活垃圾无害化处理率（权数 1.83%）
	危险废物处置利用率（权数 0.92%）

资料来源：参考绿色发展指标整理。

国家发展和改革委员会提出《循环经济发展评价指标体系（2017 年版）》，在制定说明中可以看到，该文件要求着力推进绿色发展、循环发展、低碳发展，并没有提及废弃物管理。然而无论是从《中华人民共和国循环经济促进法》的内涵精神还是对评价指标体系的分析来看，都可以发现此考核指标和废弃物管理是相辅相成的。该评价指标体系有三大类，分别是综合指标、专项指标、参考指标，各项分类下有多个子指标，文件中也提供了各指标的计算公式。

从表 3-7 中可以发现，循环经济发展评价指标体系中包含了一般工业固体废物综合利用率、农作物秸秆综合利用率，还包括针对餐厨废弃物、建筑垃圾等特定废弃物的评价指标。值得注意的是，由于许多数据资料并不掌握在政府部门手中，而是在行业协会处

（例如计算主要再生资源回收率的各类再生资源回收量），因此国家发展和改革委员会建议各地政府和行业协会进行合作以取得数据。

表 3-7 循环经济发展评价指标体系中与废弃物管理相关的指标

大类别	指 标
综合指标	主要废弃物循环利用率
专项指标	农作物秸秆综合利用率
	一般工业固体废物综合利用率
	主要再生资源回收率
	城市餐厨废弃物资源化处理率
	城市建筑垃圾资源化处理率
	资源循环利用产业总产值
参考指标	工业固体废物处置量
	城镇生活垃圾填埋处理量

资料来源：参考循环经济发展评价指标体系整理。

2018 年国务院办公厅印发了《“无废城市”建设试点实施工作方案》。2019 年，生态环境部提出《“无废城市”建设指标体系（试行）》，其中包含五大类指标：固体废物源头减量、固体废物资源化利用、固体废物最终处置、保障能力和群众获得感，要求所有“无废城市”试点都必须以此作为评估依据，并为这些城市设定了至 2020 年要达成的量化数值。此指标体系算是目前所有指标体系中，对于废弃物管理最完整也是最目标明确的一套体系，它将废弃物管理的全过程（源头减量、资源化利用、最终处置）都纳入检视范围。

值得注意的是，从表 3-8 中可以发现，许多三级指标与二级指标之间不直接相关，例如“实施清洁生产工业企业占比”与“工业源头减量”并不直接相关，由于“清洁生产”所涵盖的范围与措施十分多元，并不能反映企业执行源头减量的情况。又例如“绿色食品、有机农产品种植推广面积占比”与“农业固体废物源头减量”的相关性非常低；“绿色建筑占新建建筑的比例”和“建筑业源头减量”的相关程度也低。

表 3-8 “无废城市”建设指标体系

一级指标	二级指标	三级指标
固体废物源头减量	工业源头减量	工业固体废物产生强度
		实施清洁生产工业企业占比
		开展绿色工厂建设的企业数量
		开展生态工业园区建设、循环化改造的工业园区数量
		开展绿色矿山建设的矿山数量
	农业源头减量	开展生态农业示范县、种养结合循环农业示范县建设数量
		农药、化肥施用量
		绿色食品、有机农产品种植推广面积占比
	建筑业源头减量	绿色建筑占新建建筑的比例
	生活领域源头减量	人均生活垃圾日产生量
		生活垃圾分类收运系统覆盖率
		开展“无废城市细胞”建设的单位数量（机关、企事业单位、饭店、商场、集贸市场、社区、村镇、家庭）
		快递绿色包装使用比例

续表

一级指标	二级指标	三级指标
固体废物资源化利用	工业固体废物资源化利用	一般工业固体废物综合利用率
		工业危险废物综合利用率
	农业废弃物资源化利用	农业废弃物收储运体系覆盖率
		秸秆综合利用率
		畜禽粪污综合利用率
		地膜回收率
	建筑垃圾资源化利用	建筑垃圾综合利用率
	生活领域固体废物资源化利用	生活垃圾回收利用率
		再生资源回收量增长率
		餐厨垃圾回收利用量增长率
		主要废弃产品回收利用量增长率
		医疗卫生机构可回收物资源回收率
固体废物最终处置	危险废物安全处置	工业危险废物安全处置量
		医疗废物收集处置体系覆盖率
		社会源危险废物收集处置体系覆盖率
	一般工业固体废物贮存处置	一般工业固体废物贮存处置量
		开展大宗工业固体废物堆存场所（含尾矿库）综合整治的堆场数量占比
	农业废弃物处置	病死猪集中专业无害化处理率
		农药包装废弃物回收处置量
	建筑垃圾消纳处置	建筑垃圾消纳量

续表

一级指标	二级指标	三级指标
固体废物最终处置	生活领域固体废物处置	生活垃圾填埋量
		农村卫生厕所普及率
		有害垃圾收集处置体系覆盖率
		非正规垃圾填埋场整治完成率
保障能力	制度体系建设	“无废城市”建设地方性法规或政策性文件制定
		“无废城市”建设协调机制
		“无废城市”建设成效纳入政绩考核情况
	市场体系建设	固体废物回收利用处置投资占环境污染治理投资总额比重
		纳入企业环境信用评价范围的固体废物相关企业数量占比
		危险废物经营单位环境污染责任保险覆盖率
		“无废城市”建设相关项目绿色信贷余额
		固体废物回收利用处置骨干企业数量
		资源循环利用产业工业增加值占区域 GDP 的比重
	技术体系建设	大宗工业固体废物减量化、资源化、无害化技术示范
		农业废弃物全量利用技术示范
		生活垃圾减量化和资源化技术示范
		危险废物全面安全管控技术示范
		固体废物回收利用处置关键技术工艺、设备研发及应用示范

续表

一级指标	二级指标	三级指标
保障能力	监管体系建设	固体废物监管能力建设
		危险废物规范化管理抽查合格率
		发现、处置、侦破固体废物环境污染刑事案件数量
		固体废物相关环境污染事件数量
		涉固体废物信访、投诉、举报案件办结率
群众获得感	群众获得感	“无废城市”建设宣传教育培训普及率
		政府、企事业单位、公众对“无废城市”建设的参与程度
		公众对“无废城市”建设成效的满意程度

资料来源：参考《“无废城市”建设指标体系（试行）》整理。

小结

环境保护相关的五年规划中，都有针对工业固废综合利用的量化指标，但是针对生活垃圾以及其他废弃物的产生量、利用率等都没有给出相关量化目标。在分析适用于省级政府的各项相关指标后发现，只有最新发布的《“无废城市”建设指标体系（试行）》有着相对完整的废弃物管理指标，但深入探究后可以发现，部分指标与废弃物管理的相关性有待提高。

3.4 实践案例——上海：减量和妥善分类是迈向“无废城市”的第一步

3.4.1 政策议程

针对城市内的废弃物管理议题采取行动最多且最积极的，当数上海市。2000 年建设部发布了《关于公布生活垃圾分类收集试点城市的通知》，上海市是其中 8 个生活垃圾分类收集试点城市之一。可惜的是，当时几个试点城市并未拟定相应的政策，且由于垃圾运收和处理被不同部门分管，政策之间的衔接性不强，缺乏系统性。且垃圾分类技术装备设施不完善，大多城市只有“可回收垃圾”和“不可回收垃圾”两类垃圾桶，垃圾回收站、运输工具和处理设备也存在着数量缺乏、设施落后的问题，导致分好的垃圾在末端又被混在一起，因此并未取得较好的成效。

在国务院《城市市容和环境卫生管理条例》框架之下，2002 年《上海市市容环境卫生管理条例》开始施行，该条例规定了对城市中未按规定堆放、收集生活垃圾的惩罚，以及负责的有关单位。该条例的目标是规范城市中生活垃圾的去处与收运，并不是对垃圾的减量、利用和处置进行规范。直到 2014 年上海市公布并实施《上海市促进生活垃圾分类减量办法》，才真正针对垃圾分类与减量进行了规范，包含界定各部门管理职责、分类标准、界定投放管理责任人职责、统计计量制度等。

值得注意的是，2016 年出台的《上海市环境保护和生态建设

“十三五”规划》中虽然和垃圾有关的评价指标依旧着重在无害化处理方面，但上海市特别强调：

- 生活垃圾分类减量：到 2020 年，全市生活垃圾分类建立工作基本实现全覆盖，生活垃圾回收利用率达 38%；
- 完善生活垃圾末端处置体系：到 2020 年，基本实现原生垃圾零填埋；
- 建立有序的建筑垃圾中转消纳处置体系；
- 实现工业固体废物源头分类与环卫、环保等末端处理处置设施的无缝对接；
- 完善废弃电器电子产品回收处置体系；
- 探索再生资源回收与生活垃圾清运体系的“两网协同”。

由此可以发现“分类减量”与建立再生资源回收体系，是 2016—2020 年间上海市环境保护和生态建设规划中的一项重要的工作。

《上海市生活垃圾管理条例》自 2019 年 7 月 1 日起施行，用以管理行政区域内生活垃圾的投放、收集、运输、处置、资源化利用等活动，同时也重新分配了各部门的职责，加强力度实践生活垃圾分类，确保 2020 年能够达成生活垃圾分类建立工作基本实现全覆盖的目标。

面对时间紧迫的压力，上海市政府印发了《关于贯彻〈上海市生活垃圾管理条例〉推进全程分类体系建设的实施意见》，旨在从以下几方面加强生活垃圾分类管理力度：

- 建立建全责任体系：包括“两级政府、三级管理、四级落实”；

- 推进全面覆盖：推进垃圾分类定时定点，落实“不分类、不处置”制度，继续推动“两网融合”体系建设；
- 营造全民参与的社会氛围：推动源头减量，严格强化执法监督，开展主题教育活动。

3.4.2 实践行动——从酒店到外卖都在减量

《上海市生活垃圾管理条例》公布之后最受瞩目的就是，自2019年7月开始，上海市的旅馆经营单位不得主动向消费者提供客房一次性日用品（梳子、鞋擦、剃须刀、指甲锉、浴擦、牙刷），餐饮及配送服务业不得主动向消费者提供一次性餐具。

为了让住客能够在旅行前备齐所需日用品，在许多消费者常用的旅宿订房平台上，酒店都纷纷自主加上显著标识，提醒住客务必自行携带“六小件”。酒店也在大厅、客床摆放相应的提示（图3-2），提高民众环保意识。2019年9月一份民间调查数据报告显示，有将近九成的酒店认为不提供“六小件”之后酒店的一次性用品日均节省量超过30%。然而由于许多住客依然忘了带牙刷，不少酒店会将牙刷与其他备用品打包成“旅行套装”贩售。

外卖服务的发展，虽然带来方便，却也因此产生许多一次性餐具废弃物。2019年7月之后，在上海点外卖时，可以选择餐具份数，外卖平台不再默认提供餐具。这项规定在推出初期引起许多网民的反对与质疑，但是实际执行下来，却发现大部分的上海民众对这项行动的支持与接受程度是超过预期的。根据“饿了么”平台统计，该行动实施一个月内，在平台上选择“无需餐具”的订单比例比 2018 年同期增长了 2 倍，而在“美团”平台上则是多了 4 倍。

图 3-2　上海酒店说明不提供“六小件”的提示卡

资料来源：青春上海 · 24 小时青年报。

值得注意的是，上海市正在实施的垃圾分类制度（可回收、有害、湿垃圾、干垃圾），让使用外卖服务的消费者认为，要把没有吃完的剩饭和外卖包装盒分开进行分类投放十分麻烦，因此主动要求外卖的分量少一点，从而避免了食物浪费。

3.4.3　实践行动——增加外卖包装再生回收率

除一次性餐具外，外卖服务也造成塑料外包装袋的大量使用。多数塑料袋的材质轻薄，无法被重复使用或再生利用。在没有足够垃圾焚烧厂的城市，这些塑料袋最终将进入填埋场，虽然在土壤中不会产生温室气体，对气候变化似乎无太大影响，但塑料无法降解的特性，使它留在环境中长达数百年，缓慢释放的塑化物质将影响土壤肥力，甚至影响民众健康。若在有垃圾焚烧厂的城市里，虽然塑料袋焚烧之后的热能可用于供电或供热，但是由焚烧产生的有害气体必须谨慎处理，否则更是严重危害环境。

作为中国最大的电商平台，美团在2017年启动“青山计划”后，积极在中国各大城市推动外卖行业环保试点项目。2017年美团外卖在上海长宁区与110家位于龙之梦购物中心的商户合作，向餐厅与商户发放免费纸袋，鼓励以纸质送餐袋取代塑料袋，展开“以纸代塑”的行动。

2019年，美团外卖“青山计划”与上海市共和新路街道、爱芬环保、灰度环保合作，开展社区餐盒回收项目。该项目选取上海市共和新路街道上的4个小区为试点，投放由灰度环保提供的外卖餐盒回收专用箱，在爱芬环保的社区保洁人员整理外卖餐盒后，由灰度环保于固定时段到固定地点收回餐盒。回收的餐盒经由粉碎处理之后再制，成为ZerOBox百分之百可回收快递箱、外卖餐盒回收专用箱等，以便于循环使用。

第四章　国际与中国废弃物管理体系比较及政策建议

本章综合整理前面章节内容，针对当前中国废弃物管理的短板提出调整方向建议。废弃物管理系统的优化，是建成“无废城市”的第一步。法律框架是所有部门行动的基础，因此本章第一节侧重中国废弃物法律规范可改善的部分，第二节参考其他国家的做法针对中国废弃物管理部门分工提出建议，第三节侧重政策的顶层设计与量化指标优化的建议，第四节提出对当前城市试点工作的建议。

4.1　对法律框架的建议

与本书分析的其他国家相比，我国的《中华人民共和国固体废物污染环境防治法》依旧侧重污染防治，并未以“资源管理”为管理废弃物的核心思想；而《中华人民共和国循环经济促进法》则以推动资源再生为核心。这使得废弃物与资源再生分别由两个不同的法案管理，成为推动建设无废社会过程中遇到的根本性问题。

4.1.1 思考二法合一的可能性

将《中华人民共和国固体废物污染环境防治法》称为中国固体废物管理的主要指导法律，或许不甚精准。《中华人民共和国固体废物污染环境防治法》第一条便指出该法是为了防治固体废物污染环境，保障人体健康，维护生态安全，促进经济社会可持续发展而制定，由此可以发现，该法着重关注废弃物和环境、人类之间的交互关系，并未对废弃物生成与利用等其他方面进行规范。即使废弃物综合利用与回收、循环经济发展等概念并非完全消失在法律条文当中，但全法“综合利用”四字出现的次数只有 3 次、“循环”一词出现的次数只有 1 次、“回收”一词出现的次数只有 7 次，远低于“污染环境防治”的 37 次，更可佐证《中华人民共和国固体废物污染环境防治法》只能作为中国固体废物管理法律框架的一部分。换言之，要进一步推动“无废城市”的建设，还必须将推动生产、流通、消费过程的废弃物减量化、再利用、资源化的《中华人民共和国循环经济促进法》纳入通盘考量。

通过第二章的分析可以发现，在一些典型国家的主要废弃物管理法规中，都有相当大的篇幅用于规范废弃物的重复使用、循环利用、再生利用。污染防治已经成为基本底线，更重要的是，如何通过法规框架让废弃物尽可能被重复使用。例如在欧盟《废弃物框架指令》（2008/98/EC）下，明确提出固体废物处理金字塔的概念，这让适用该法的企业与组织单位有基本原则可以参照。日本更是直接在法律中明文要求政府与利益相关者必须采取行动来预防产品变成废弃物，抑制并减少废弃物的产生，同时循环利用资源。

调整法规的内涵与侧重点对于“无废城市”的建设相当重要。纵然日本法律框架与中国有相似之处，有着《资源有效利用促进法》和《废弃物清除处理法》两部法案共同管理废弃物，但是这两部法律却是被更上位、具有建立循环型社会核心价值的《循环型社会形成推进基本法》统筹。相较之下，中国目前的《中华人民共和国固体废物污染环境防治法》和《中华人民共和国循环经济促进法》两部法律各自对应不同领域，并无更上位的法案来指引社会实践废弃物“梯级式”使用。

本书建议相关部门思考“二法合一”的可能性。废弃物链条可以详细划分为“预防、减量、重复使用、废弃物产生、分类、收集、回收、再生利用、最终废弃处理”。目前“预防、减量、重复使用”与“回收、再生利用”由《中华人民共和国循环经济促进法》管理，但“废弃物产生、分类、收集”与“最终废弃处理”由《中华人民共和国固体废物污染环境防治法》管理（图 4-1）。

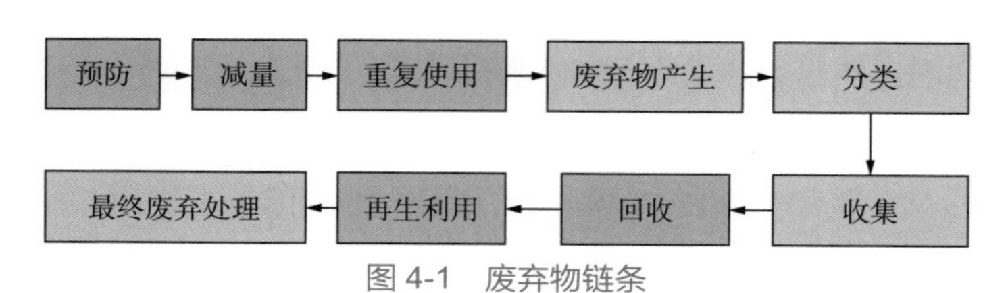

图 4-1　废弃物链条

注：蓝色由《中华人民共和国循环经济促进法》管理；绿色由《中华人民共和国固体废物污染环境防治法》管理。

实际上，废弃物链条为连续不可完全割裂的过程，将其分开由两部法律管理并且没有统筹指导的上位法案，是实践“无废城市”与无废社会过程中的缺口与漏洞。例如，广告业所使用的海报布幔在活动结束后不再使用，遵照《中华人民共和国固体废物污染环境防治法》的精神，应该视为废弃物，进行分类收集，然而此行为完全忽视了布幔还有能够重复使用的可能性，包含制作提袋等。甚至在该广告活动一开始进行策划时，就应从链条的源头，即“预防”与“减量”的角度来思考。由于当前法律规范并没有将整个废弃物链条视为一体，因此可以预见纵然有“无废城市”政策与试点，在实际执行时仍面临巨大挑战。

“二法合一”的精神是将废弃物链条集中管理，并且确立“资源”位阶优于“废弃物”的原则，任何物质均优先以资源视之，采用“梯级式”思维，寻求资源化利用，强调源头减量、重复使用优于废弃物收集处理，这有助于无废社会的落实与推动。

4.1.2 对废弃物详尽分类编码并申报

《中华人民共和国固体废物污染环境防治法》将固体废物分为3类，即工业固体废物、生活垃圾、危险废物，然而哪些行为被界定为工业生产活动以及其参照依据，该法中均没有清楚说明。同时，在经济活动日益复杂的情形下，仅规范工业固体废物将严重遗漏其他经济活动所产生的废弃物，例如农业、服务业等。此外，在《中华人民共和国固体废物污染环境防治法》中也无说明哪些废弃物品项需要申报，以及哪部法律应该作为废弃物品项的分类依据。

若将《中华人民共和国循环经济促进法》一同纳入考量，可以发现更加严重的漏洞。以表3-3的炉渣为例，炉渣来源不同，成分各有不同，目前综合利用的工艺相当多元，若未清楚立法分类编码，将无法确保成分与流向，更无法确定综合利用的过程是否合乎安全规范，是否会造成二次污染。

在欧盟《废弃物框架指令》（2008/98/EC）下，德国、荷兰、芬兰都以《废弃物名册》对所有废弃物进行编码归类，此举方便管理所有经济活动产生的废弃物，同时能够确保取得的统计数据具有一致性，不会出现某地区认定此废弃物属于甲类废弃物、但另一地区认定此废弃物属于乙类废弃物的情形。日本也将废弃物根据其产出源与危害程度进行清楚分类，不易产生缺漏。

中国各省（区、市）的发展程度参差不齐，经济活动多元复杂，若要推动“无废城市”在全国发展，必须从中央建立起一套清楚详尽的分类标准，让所有相关的企业、单位、学者有据可依，确保每种废弃物都可以被定位系统追踪，采用互联网及时通报数量与位置，使其中没有任何模糊地带。要实现这个目标，实行科学化的编码是必要方法。从当前废弃物管理分类来看，单是一般工业废弃物中的“其他废弃物”这一项，就可以包含很多不同种类的废弃物，如动物组织，废玻璃屑等，难以确保各废弃物是否已妥善处置、是否已经尽可能被重复使用。

4.1.3 基本定义需要明确

目前《中华人民共和国固体废物污染环境防治法》中许多名词定义并不明确，例如“无害化处置”“综合利用”“回收利用”等。《中华人民共和国循环经济促进法》也有许多定义模糊不清的情况，例如“再制造”与“翻新”之间是否存在差异，“再生利用”

与“再利用”的定义等。随着“无废城市”建设的开展，将会有更多创新技术与解决方案被应用，任何不清楚的定义与分类，将会使创新技术与解决方案在指标统计上无法衡量出其对“无废城市”建设的贡献值，而模棱两可的定义也会抑制创新发展。

4.1.4 数据资料透明公开

除城市生活垃圾清运和处理情况被公布在国家统计局官方网站以外，其他细节数据完全无法得知，例如每年各城市、各省的工业固体废物产生量、综合利用率、再生利用量，相同地，农业废弃物、危险废物、建筑废弃物的数据也无法取得。

数据资料的透明公开是监督企业与政府的基础，同时也是循环经济的商机所在。由中央政府、地方政府的统计部门以一致的公式与计算方式所得的数据资料，是具有公信力与可比性的，可避免不同行业协会以不同计算方式而产生的不一致。数据公开之后，提供政策制定者与执行者直接检视政策有效性的机会，以及时检讨并重新修正政策与行动。此外，公开废弃物的数据资料也让想要涉足循环经济的创业者清楚知道，在哪个城市有最多的“资源”可以利用，同时可以评估市场趋势以进行投资规划与布局。

在欧盟统计数据资料库中，可以查找到各国的各类废弃物产生量，包含危险废物、非危险废物、工业污泥、金属废弃物、纺织废弃物等。在日本环境省的官方网站中，也可以查找到可供下载的各都、道、府、县废弃物产生量、处理量、资源化量等，这些数据的公开都有助于政府每年检视无废行动推行的成果。

小结

在法律框架下，建议思考整合《中华人民共和国固体废物污染环境防治法》与《中华人民共和国循环经济促进法》，并且在考量中国幅员辽阔、各地区发展程度迥异的情况下，由中央立法对废弃物进行详细分类编码与申报，以确定其流向与利用方式。此外，建议将一些基本名词的定义在法律条文当中予以明确；立法要求公开与废弃物相关的数据，让公众与企业得以查阅，这将有助于推动无废社会建设与循环经济发展。

4.2 对机制建设的建议

4.2.1 单一部门整合废弃物链条管理

通过第三章的分析可以发现，目前中国的废弃物与可再生资源管理职能分散在不同部委。值得注意的是，《中华人民共和国固体废物污染环境防治法》管理范畴内的“废弃物产生、分类、收集、最终处置”主要是由生态环境部的固体废物与化学品司管理，关注焦点是减少废弃物对环境的污染；但《中华人民共和国循环经济促进法》管理范畴内的“预防、减量、重复使用、回收、再生利用”主要由国家发展和改革委员会管理，关注焦点是减量化与资源化。这样的管理模式下职能区分不合理，使废弃物管理链条破碎，不仅会造成各职能部门之间相互推脱，管理缺乏系统性，也因为执行工作与成效无法直接反映在绩效衡量指标上，而使得职能部门没有动力全力推行工作。

举例而言，若在预防、减量阶段实施得宜，则废弃物产生量将会降低，方可达到解决问题源头的成效。然而，“预防、减量”与“废弃物产生”分属不同部委，对于国家发展和改革委员会来说，执行废弃物“预防”与“减量”的成效并不直接反映在其业绩衡量指标上，而是反映在由生态环境部负责统计的废弃物产生量指标上。另外，从生态环境部的角度来说，其权责仅是降低废弃物对于环境的危害，并不涉及推广商品设计时考虑减量或是使用循环经济思维，容易使部委以消极态度因应，更有甚者为了符合废弃物产生量减少的目标，隐匿虚报数据。

从前文的分析中可以发现，德国、芬兰、荷兰与日本政府，都是以单一部门管理废弃物和再生资源。如此可以确保政策与行动的成果可以直接反映在该部门的绩效指标上，使其更有效率地进行系统性管理。以日本为例，减少废弃物产生量是当前废弃物管理的主要目标，为了达成这个目标，环境省主导了对公众的宣导教育，并且和经济产业省共同推动在商品设计阶段纳入减量与可回收、可再生思维。

4.2.2 建立跨部委工作小组

确立单一部门管理废弃物链条之后，各部委之间需要建立跨部门合作与信息分享机制，增加信息透明公开，减少因沟通效率不高带来的交易成本。各部委对其所负责的领域有全面的了解，因此尊重专业、共同合作才是成功地大规模推行无废社会的关键。建议针对不同废弃物类别组织专案工作小组。

例如农业农村部掌握着农村发展、农民耕作特性，以及农业废弃物类型等专业资料，而负责废弃物链条管理的部门则是具备废弃物预防、减量、回收等知识，通过合作与信息公开分享，增加对彼此专业的理解，可确保负责废弃物链条管理的部门设计出来的政策与行动在一定程度上符合农民耕作特性与农村当前发展状况；同时也可确保农业农村部对于废弃物预防、减量、回收等议题有一定程度的了解，并在实际执行层面上辅助负责废弃物链条管理的部门。因此建议针对农业废弃物链条筹建农业废弃物工作小组，负责废弃物链条管理的部门作为主要召集人，统筹制定政策，农业农村部作为副召集人，协助提供相关专业资料与行动支援。在这样的架构之下，负责废弃物链条管理的部门可以清楚掌握所有统计数据信息、执行状况、并依其专业提出政策与行动方案。

类似的模式也出现在日本经济产业省与环境省、日本农林水产省与环境省之间。日本经济产业省辖下的产业技术环境局设有专门的资源循环经济部门，负责规划、促进经济产业省辖下所管理的工业废弃物的回收，以及相关政策的制定。与此同时，环境省统筹管理全日本循环型社会推进与废弃物处理事务。此外，农林水产省辖下的生物质回收资源部门负责协调和促进生物质回收燃料的使用；生物质循环资源部门可再生能源办公室负责将生物质回收燃料引入农村及渔村，作为可再生能源；生物质循环资源部门食品工业环境管理室则负责《食品回收法》与《容器和包装回收法》的执行工作。对于推行循环型社会工作的统筹管理是以环境省为主。

4.2.3 中央－地方垂直整合

目前中国中央政府废弃物管理部门分工模式并未同样地对应到地方层级，这将严重影响工作交办、考核指标、责任划分。例如，在中央政府层级由住房和城乡建设部负责管理建筑垃圾，但在上海市却是由市政府直属机构绿化和市容管理局负责建筑垃圾运输许可证的核发和管理，而非由市住房和城乡建设管理委员会负责管理。中央与地方政府在管理部门分工的不一致，容易造成信息传达失误、责任与考核指标混杂不清、统计数据可靠性低等问题。

中国各级政府职能的分级与整合，适合学习欧盟—德国联邦政府—德国州政府—德国地方政府的模式。从第二章的研究分析可以发现，从欧盟到德国各级政府，都是由环境部门来管理废弃物与循环经济的。欧盟以环境总司为主要负责单位，德国联邦政府以环境、自然保护与核安全部为国家级主管机关，在各州政府则以环境部作为对应负责机关，在州内的区域政府也设有环境部作为相应负责单位。将中央到地方进行垂直整合，方能确保工作的落实与权责层层下放。

小结

我国当前的废弃物链条管理职权由两大部门主管，如此的管理方式将无法系统地处理废弃物链条上每个环节对下个环节的影响。建议学习欧洲与日本模式，以环境部门统筹管理废弃物，同时根据不同主题设立跨部委小组，寻求其他部委的专业协助与支援。此外，通过分析发现，中央政府的部门分工与部分地方政府的部门分工与职能并不一致，如此可能会导致沟通成本增加与实际工作落实困难，建议学习欧盟—德国联邦政府—德国州政府—德国地方政府的分工框架，从上到下都由环境部门进行统筹管理。

4.3 对政策设计的建议

4.3.1 以资源管理的观点看待废弃物

纵然中国的国家五年规划已逐渐加大对循环经济、资源化重视程度，但从根本上说，并没有将废弃物视为资源看待，废弃物依旧是亟须处理和清除的无可利用性商品。同时，从国家五年规划的内涵可以发现，废弃物管理的角度强调“末端治理”，强调资源化利用和无害化处理，但缺乏从制高点看废弃物与资源之间的关系。

相较之下，德国、荷兰等国家都已在政策的顶层设计中加入“以废弃物作为原料”的思维，目标是让经济和生产活动减少依赖初级资源，强调在未来的循环经济社会里是没有废弃物的，所有的废弃物都会是资源。日本政策的内涵也是朝向资源管理的角度，希望民众可以采用可持续的方式使用资源，让经济社会所产生的环境负荷能在地球可承受的限度内。芬兰的政策预计未来在农业、建筑业部门有部分天然原料将由废弃物再制造形成的再生材料代替。

以资源管理的观点来看待废弃物，将带来与“末端治理”思维完全不同的结果。首先，将废弃物视为资源，可以促成有关单位以积极心态面对废弃物。为了掌握废弃物资源的数量与品质，必须加强统计数据管理、流向管理和品质控管。其次，将废弃物视为资源，可以促使政府与企业采用系统的、全面的观点检视各产业当前的资源利用效率，预测未来产业的潜力。最后，将废弃物视为资源，可以推动研发与创新工作的开展。未来能大量且有效率地使用这些废弃物资源，将驱动科研单位与企业往尖端技术再突破，开发“新资源”。

4.3.2 定期检讨政策成效

通过分析发现，中国缺乏定期审视国家五年规划工作推进进度与执行成效的机制，即使具有这样的机制，也没有公开进度检核报告。这样封闭性的检讨机制，缺少公众与环境团体的监督与公平，也缺少集思广益的机会。

相较之下，欧盟国家与日本都定期以系统的、科学的方法评估政策推进结果，并公布执行成果。以欧盟为例，如本书前文所述，欧盟委员会确定量化指标之后，在执行中期会筹建专家小组审查各国是否能如预期达成目标，若无法达成目标又需要哪些协助。日本针对《循环型社会形成推进基本计划》设立了 3 次审查机制，检视所有量化目标是否达成，并且评估其长期与短期的变动倾向，拟定下一阶段的工作重点。

因此，建立公开透明的政策执行检讨机制是有助于政策推行的必要措施。废弃物与资源管理和“无废城市”建设工作，需要仰赖各界各方面的合作与协助，并且将工作落实在每日行动当中。若无针对政策与行动的定期检视，将难以针对不适合的政策进行及时修正，也难以传达政府对于该议题的决心与承诺。

4.3.3 考核指标必须和政策结合

中国历次的国家五年规划中，针对废弃物与资源的相关量化指标相当有限，《“十三五”生态环境保护规划》中仅提及全国城市生活垃圾无害化处理率达到95%以上，90%以上村庄的生活垃圾得到有效治理，预期到2020年垃圾焚烧处理率达到40%、全国工业固体废物综合利用率提高到73%、秸秆综合利用率达85%。纵然该文件在规划中强调推进城镇生活废弃物的处理与循环利用，却没有给出任何与此相关的考核指标，当考核指标与政策方向不完全契合时，可以预见在推行过程将会遭遇许多困难。

建议中国参考日本建立考核政策与成果指标的机制。在日本的《循环型社会形成推进基本计划》中，提出了迈向循环型社会的主要七大类目标，并且每一类目标都有与之相对应的一组量化考核目标。如前所述，通过3次审查机制，紧盯政策与成果之间的关联，并适时进行修正方能系统地、到位地执行政策。另外，建议结合常见于商业管理的目标与关键成果（objectives and key results）考核机制，使每一个目标对应2～4个的关键成果，用关键成果来衡量该目标是否达成，确保关键成果与目标之间连接存在强烈相关性。

小结

建议以资源管理的观点看待废弃物，并且建议定期检视政策成果，确定考核指标与政策之间的一致性。对比欧盟国家、日本之后发现，这些国家已经将废弃物与资源视为平级，并且朝向用废弃物取代初级原料的未来迈进。思维的转换将有助于中国推行无废社会与发展循环经济，特别是在政策规划与设计层面，将能更有力度地推动企业与公众采取行动。

4.4 对城市试点的建议

4.4.1 尝试创新思维和制度

中国共有“11+5”个“无废城市”试点城市和地区，目前所有试点城市和地区，都已通过试点实施方案评审。通过研究公开资料发现，大部分城市依然在现在的法规与部门分工框架之下拟定实施方案，并没有大刀阔斧地尝试较具革命性、创新性的模式。又或者，这些尝试只是单一个案，例如在以废轮胎铺设沥青路面项目上，只是尝试了新的做法，却不是建立了一个新的机制。

建议将“试点”视作大型的实验室，在一定程度上跳脱出现有的法规架构与部门分工，尝试建立新的模式。例如尝试成立新的专责单位，负责整合生态环境局所管辖的固体废物防治与国家发展和改革委员会所管辖的循环经济；或是修改采购办法，在政府公共采购中增加选用再生材料的要求等。

试点城市和地区正好有优势可以探索在哪些条件之下，能够让这些个案在未来都成为通案。因为唯有形成模式，才具有可复制性，才有可能在其他城市也推行起来。

4.4.2 强化民众参与和沟通

要大规模实践无废理念，最需要的还是民众的积极参与。因为无论政府制定哪些政策、企业推出哪些服务，最后要达成政策的初衷或是服务的理念，民众的参与都是不可或缺的一环。因此在进行“无废城市”试点与推行时，要有七成以上的时间专注在和民众的沟通上。

要将民众参与和沟通的工作做好，必须了解民众、分析群体特征，根据不同人群提出不同的策略与方法。举例来说，当目标群体年纪较大、受教育程度较低时，沟通的方式必须以图像为主，主要场所则应锁定在菜场、社区活动室等地，并且以简单浅白的方式进行说明；若目标群体是受教育程度高、上下班时间固定的白领上班族，则信息传达方式必须设计得富有流行感与美感。

因此，建议地方政府和各地参与社区发展的民间组织（如社会团体或各式公益基金会）进行密切合作。这是因为，各地参与社区发展的民间组织对当地社区内的人口结构组成与生活形态非常了解，能够作为政府与民众之间的桥梁，将信息通过合适的方式传播，并能将民众实践“无废城市”主张时所遇到的难点反映给政府。

4.4.3 强调环境、经济、社会多面向协同效益的重要性

建设“无废城市”所带来的效益不仅仅在于废弃物管理，更包含减少碳排放、优化空气质量、增加就业与社会包容性等各方面。例如，通过推行塑料包装废弃物的预防与减量，可以减少包装材料的制造与原油的开采，因此将有助于减少化石燃料使用，减少温室气体及其他空气污染物排放；选择重复使用二手家具，可以减少新家具的制造、原料开采，同样可以减少温室气体排放，也减少水污染物与空气污染物生成。

部分人或许认为减少包装材料或是新家具的制造，都会对经济发展产生负面影响，正是这个错误的观念，使得中国始终无法在经济和环境保护之间取得平衡。应该看到，淘汰不符合低碳、无废概念的包装材料制造业，正是以政策压力和市场选择机制的结果。推动符合低碳、无废概念的新包装材料制造业发展与兴起，可以迫使产业开始转型，使相关企业思考如何改造现有技术与管理模式，制造出符合环境要求的商品；对于家具制造商亦是如此，家具制造商可转型为服务提供商，利用其专业，提供废弃家具翻新改造服务。

另外，在建设“无废城市”的过程当中，不可避免地需要重新检视“非正规回收”渠道和其从业人员。这正是让政府部门重新思考当前的社会福利制度的契机，使其回头检视如何通过有效的行动与机制设计，让“非正规”产业能够进入“正规”体系，从而确保从业人员的就业环境及安全得到保障。

小结

无论是中国还是国际经验，多数试点案例都只是个案的成功，缺乏扩大推行覆盖面的机制。据此，建议中国“11+5”“无废城市”与地区试点，务必尝试建立新的模式，只有这样方能有助于更大范围的推广。此外，在试点过程中应该强调环境、经济、社会等多面向的协同效益，此举也将有助于地方政府与地方政府之间、中央政府与地方政府之间、跨部委之间的协调与合作，避免单打独斗。

参考文献

Ellen MacArthur Fundation, 2016. Circular Economy System Diagram [EB/OL]. [2021-03-16]. https://www.ellenmacarthurfoundation.org/circular-economy/concept/infographic.

Food and Agriculture Organization, 2011. Food Wastage Footprint & Climate Change[R]. Rome: FAO.

Fujita K, Hill R C, 2007. The zero waste city: Tokyo's quest for a sustainable environment[J]. Journal of Comparative Policy Analysis Research & Practice, 9(4): 405–425.

Geyer R, Jambeck J R, Law K L, 2017. Production, use, and fate of all plastics ever made[J]. Science Advances, 3(7): e1700782.

Parker L, 2018. Fast Facts about Plastic Pollution[EB/OL]. (2018-12-20) [2021-03-16]. https://www.nationalgeographic.com/science/article/plastics-facts-infographics-ocean-pollution.

Phillips P S , Tudor T , Bird H , et al., 2011. A critical review of a key Waste Strategy Initiative in England: Zero Waste Places Projects 2008 – 2009[J]. Resources Conservation & Recycling, 55(3): 335–343.

Statista, 2017. Annual production of plastics worldwide from 1950 to 2020[R]. New York: Statista Inc.

UNEP, 2015. Global Waste Management Outlook(1st ed.; D. C. Wilson, Ed.)[R]. Nairobi: UNEP.

UNEP, 2017. Asia Waste Management Outlook[R]. Nairobi: UNEP.

UNEP, 2018. Single-use Plastics: A Roadmap for Sustainability[R]. Nairobi: UNEP.

World Bank, 2018. What a Waste 2.0: A Global Snapshot of Solid Waste Management to 2050[EB/OL]. [2021-03-16]. https://www.worldbank.org/en/news/infographic/2018/09/20/what-a-waste-20-a-global-snapshot-of-solid-waste-management-to-2050.

World Biogas Association, 2018. Global Food Waste Management: An Implamentation Guide for Cities[R]. London: World Biogas Association.

World Economic Forum, 2016. The New Plastics Economy: Rethinking the Future of Plastics[R/OL]. [2021-03-16]. https://www.weforum.org/reports/the-new-plastics-economy-rethinking-the-future-of-plastics.

Zaman A U, Lehmann S, 2013. The zero waste index: a performance measurement tool for waste management systems in a “zero waste city” [J]. Journal of Cleaner Production, 50: 123-132.

Zaman A U, 2015. A comprehensive review of the development of zero waste management: lessons learned and guidelines[J]. Journal of Cleaner Production, 91(mar.15): 12-25.

杜祥琬，刘晓龙，葛琴，等，2017. 通过“无废城市”试点推动固体废物资源化利用，建设“无废社会”战略初探[J]. 中国工程科学，19(4): 119－123.

深圳市红树林湿地保护基金会，上海仁渡海洋公益发展中心，2015. 中国若干典型海滩垃圾监测研究报告[R].

世界银行，2005. 中国固体废弃物管理：问题和建议[R]. 北京：世界银行东亚基础设施部.